建设工程项目高空设施规划与工作空间协同优化研究

金海峰 著

华中科技大学出版社
中国·武汉

内 容 提 要

本书从基础理论、技术方法和应用实践的角度，构建了设施空间规划框架，阐述了建设工程项目高空设施规划与工作空间协同优化的基础理论和技术方法，解决了建设工程项目中施工生产效率与成本的多目标优化问题，将数字化管理模式融入建设工程的精细化管理中。本书结合管理学与工程学的交叉研究方法，分析人-机-环关键生产要素的空间关系，发展了工程项目空间优化理论。本书针对实际工作提出的建设工程高空设施多维空间规划策略，可为提升企业经济效益提供解决方案和实践应用方法。

图书在版编目(CIP)数据

建设工程项目高空设施规划与工作空间协同优化研究/金海峰著.—武汉:华中科技大学出版社，2023.11
  ISBN 978-7-5680-9874-8

Ⅰ.①建… Ⅱ.①金… Ⅲ.①空间规划-研究 Ⅳ.①TU984.11

中国国家版本馆 CIP 数据核字(2023)第 163701 号

建设工程项目高空设施规划与工作空间协同优化研究   金海峰 著

Jianshe Gongcheng Xiangmu Gaokong Sheshi Guihua yu Gongzuo Kongjian Xietong Youhua Yanjiu

策划编辑：胡天金
责任编辑：陈 骏 郭娅辛
封面设计：旗语书装
责任校对：刘 竣
责任监印：朱 玢
出版发行：华中科技大学出版社(中国·武汉)   电话：(027)81321913
        武汉市东湖新技术开发区华工科技园   邮编：430223
录 排：华中科技大学惠友文印中心
印 刷：武汉市洪林印务有限公司
开 本：710mm×1000mm 1/16
印 张：7.75
字 数：152 千字
版 次：2023 年 11 月第 1 版第 1 次印刷
定 价：68.00 元

前　　言

在建设工程项目管理研究中,空间优化一直是重要的研究课题之一。在工程项目的施工过程中,现场施工人员需要搭设高空设施(如脚手架)来获得操作所需的必要工作空间。因此,完善并优化高空设施的空间规划对提升施工人员劳动效率、降低工程成本和加快工程进度具有重要意义。目前,随着工程信息技术的快速发展,信息化模型技术及智能算法可以用于辅助工程项目的管理,实现工作空间优化,从而达到提高项目整体施工效率的目的。本书以优化施工现场临时设施的空间规划为研究目标,结合理论和试验研究手段,开展了以下研究工作。

第一,本书根据项目现场临时设施的特点,识别并分析了影响临时设施布局的主要因素,构建了空间规划的决策指标体系。为确定决策指标的相对权重,本书结合多指标优化理论和方法,建立了基于网络分析法的决策结构模型,并在此基础上提出了基于单次单因子法的敏感性分析方法。项目决策者可利用该空间布局决策模型从敏感性分析结果中识别出备选空间方案中的最优方案,分析权重变化对决策结果的影响,进而对临时设施进行合理有效的空间布局。

第二,本书针对工业管道具体施工工序的工作空间需求,建立了工作空间需求的空间包络模型,并结合人类学统计数据,对工作空间需求模型中的相关参数进行了计算。此外,本书通过空间推理方法识别工序的工作空间与临时设施平台之间的空间关系,进而建立了基于工作空间需求的临时设施平台布置规则,为临时设施的平台位置优化提供了理论基础。

第三,本书提出了基于模型的临时设施平台高度多目标优化模型,分析了临时设施平台的高度和搭建位置对施工人员劳动效率的影响及施工工序对平台共享能力的影响,并将三维空间优化问题转化成多目标数学优化问题,构建了基于仿真的空间优化模块。该优化模块在工序的工作空间需求基础上,利用工程模型中所包含的工序信息,实现对临时设施平台高度的优化。在此基础上,结合多属性效用理论,在不添加任何决策偏好的情况下,项目计划和决策者可权衡分析施工效率、安全性、成本这几个决策目标体系下的多个指标,有效地提高工程项目的空间管理和优化水平。

本书的出版得到了中国博士后科学基金面上项目(2020M680355)和北京科技大学基本科研业务费(FRF-TP-20-020A1)的资助,在此表示深深的谢意!

金海峰
2023 年 2 月

目　录

1 绪 论

1.1 研究背景与意义

1.1.1 选题背景

建筑业在我国经济发展中占有重要的地位,是我国的支柱产业之一。改革开放以来,我国建筑业得到了快速和全面的发展。图 1.1 展示了 2008—2017 年建筑业相关经济指标[1]。2008—2014 年间,我国建筑业一直保持高速发展的态势,建筑业增加值增速高于国内生产总值增速。截至 2014 年,建筑业增加值占国内生产总值比重已接近 7 %。然而,自 2015 年起,建筑业发展开始呈放缓趋势。2016—2017 年间,建筑业增加值增速已低于国内生产总值增速。此外,建筑业增加值占国内生产总值比重也出现回落。由此可见,虽然建筑业在我国经济发展中长期占据支柱产业的地位,对经济发展起到重要的带动作用,但是行业近期的发展形势并不乐观。

我国建筑业目前属于劳动密集型产业,它在支撑我国国民经济发展的同时提供了大量的就业岗位,吸纳了大量的社会劳动力。根据国家统计局《2015 年农民工监测调查报告》[2],我国建筑业从业人员中,农民工人数高达 5855 万人,是该产业从业人员队伍中的主体。随着农村大量剩余劳动力转移到城市,劳动密集型产业得到了有力支持。以农民工为主体的劳动力促进了建筑业的快速发展。

20 世纪 80 年代以来,随着我国建筑业用工制度的改革,建筑企业的员工队伍中固定职工比例逐渐减小,大量一线作业工人不再具有固定职工的身份[3]。有研究表明,我国建筑业一线作业工人队伍中农民工比例高达 95 %[4]。然而,作为建筑企业劳动力主体的农民工在劳动效率等方面与标准产业工人有较大差距。标准产业工人具备较高的专业素质,掌握较多的职业技能,因此他们的劳动效率较高;此外,他们的工作时间也相对固定[5]。相比标准产业工人,农民工的工作临时性强、劳动强度大、工作环境差[6]。

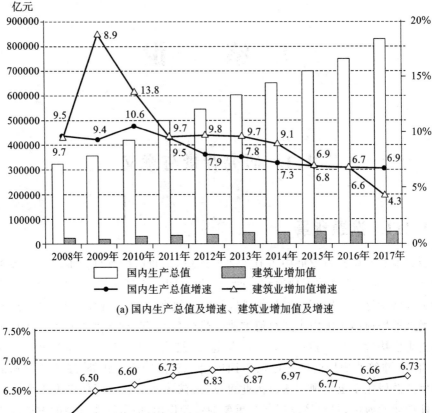

(a) 国内生产总值及增速、建筑业增加值及增速

(b) 建筑业增加值占国内生产总值比重

图 1.1　2008—2017 年建筑业相关经济指标

从全球宏观经济角度来看,建筑业相对于制造业等其他非农产业,普遍存在劳动效率较低的问题。以美国为例,如图 1.2 所示,20 世纪 60 年代以来,建筑业施工劳动效率指数多次下滑并总体处于增长停滞的状态[7]。然而,在 1964—1999 年这段时期内,美国所有非农产业的总体劳动生产效率指数则以每年 1.71% 的速度增加[8]。我国建筑业发展从 20 世纪 50 年代中期起步,在此之后,我国对外承包工程的范围逐渐扩大,同时国际合作的规模也逐步增加。通过六十多年的经验积累,我国建筑业在某些方面具备了一定的国际竞争力。尽管如此,相比于美国等发达国家,我国建筑业目前的整体水平仍然较低。截至 2009 年,中国建筑业的从业人员数量为 3597.35 万人,是美国建筑业从业人员数量的 4.5 倍。然而,中国的建筑业总产值仅为美国建筑业总产值的 20%[9]。这一现象表明,在建设项目的施工过程

中,我国建筑工人的劳动效率较低。

从建筑业总体发展来看,目前建筑业在全球范围仍然属于典型的高消费、粗放型行业。即使是在建筑业发展水平较高的发达国家,如何实现该产业生产劳动效率的显著提升也是一个亟待解决的问题。虽然我国建筑业经历了产业规模的扩张,但是长期以来的粗放发展模式并没有使该产业生产效率显著提升。此外,我国建筑业从业人员劳动效率低下的问题尤为突出,施工项目的整体管理水平仍有较大的提升空间。

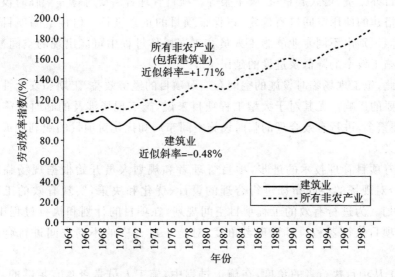

图 1.2 美国建筑业和其他非农产业生产劳动效率指数对比

由于建筑业属于劳动力密集型产业,因此施工人员在现场执行工序的相关表现会显著影响施工劳动效率。在大部分建设工程项目中,施工人员的劳动成本占整个项目成本的 $30\% \sim 50\%$ [10,11],该劳动成本将直接影响项目的实际经济效益。英国学者的相关研究表明,当施工人员劳动效率增加 10% 时,英国经济将整体上节省近十亿英镑[12]。

施工人员劳动效率与现场设施、设备等的空间布局是密切相关的。在项目的施工现场,不同的分包商在同一个区域内工作。每一个分包商都需要特定的工作空间、操作设备的空间、材料的储存空间、交通和运输路径,以及相应的安全保护区域。如果施工现场作业空间过于拥挤,则会降低施工效率。因此,施工现场空间和布局规划的合理性将决定施工现场的秩序性,从而影响施工效率和项目工期。

由于现代工程项目对加快工程进度和缩短工期方面的要求越来越高,建设工程项目本身又具有复杂性和动态性的特点,施工现场的临时设施空间布局以及相关工作空间的优化将直接影响施工人员劳动效率,并成为制约项目正常进行的重要因素。

1.1.2 研究意义

对于建设工程项目来说,影响施工人员劳动效率的重要因素包括施工现场各功能空间的布局、施工人员之间是否存在空间冲突等。在传统的项目管理方法中,项目管理者根据施工进度为施工人员安排相应的施工工序。在施工过程中,施工人员需要大量不同类型的临时设施来执行直接工序。例如,施工现场的临时设施包括项目办公室、塔式起重机、脚手架等。项目管理者需要对每一个临时设施的位置以及搭建的使用空间进行确定,以保证项目的正常进行。但传统的项目管理方法并不能识别出不同专业的施工人员在工序操作过程中可能出现的空间冲突,从而导致施工效率的降低及进度的延误。

因此,施工现场临时设施的空间布局对项目的经济效益、工期和安全性等方面具有重要的影响。尤其对于大型工程项目来说,施工现场涉及的临时设施数量巨大、类型繁多,进行有效合理的临时设施空间布局和优化对项目的顺利完成具有重要的意义。

随着项目管理技术的进步,项目管理者和规划人员开始根据现场临时设施的特点,对现场的空间布局进行合理的设计、优化和决策,实现有效的工程项目空间规划。为进行有效的工程项目空间规划,在项目的计划和执行过程中,可以分别从项目执行者和项目管理者角度,对施工过程中的不同空间进行合理有效的规划。

(1) 从项目执行者的角度,在施工过程中,施工人员是否具有足够的、有效的工作空间对于施工劳动效率、安全性以及建设成本都具有重要的影响[13,14]。

为了保证项目的正常进行并提高资源的利用率,需要在项目现场为施工人员提供足够的工作空间。建设工程项目施工过程由数量巨大的不同类型的工序所组成,各种类型的工序所需的工作空间也不尽相同,对不同工序的工作空间进行合理的计划、安排和协调,不仅增加了建设项目空间计划的管理难度,也耗费了大量的计划时间。因此,在实际的建设工程项目计划中,应采用合理有效的方法对施工人员的工作空间进行计划和优化。

(2) 从项目管理者的角度,项目管理者不仅需要合理计划的项目资源(包括材料、人工和施工设备等),还需要在实际施工过程中对施工现场的空间资源进行有效管理。

施工现场的空间包括施工人员的工序操作空间、材料储物空间、设备放置空间及其他基础设施空间等[15]。如果现场很多施工人员共同使用同一个工作空间,或多个施工人员执行工序所占用的工作空间有重叠,都会引起相应工作空间的拥挤,从而导致建设项目整体生产效率的下降[16]。不当的工作空间计划管理会导致分包商之间、施工人员之间互相干扰,进而引起生产效率的下降[17]。

施工现场临时设施的空间布局规划主要包括临时设施类型和数量的识别、大小尺寸的确定以及空间位置的确定。但由于临时设施布局规划问题涉及种类繁多的工序以及许多不同的空间约束条件等,该问题的解决和优化是一个复杂的系统性过程。

因此,建设工程项目临时设施的管理和工作空间优化问题是工程管理领域的重要研究课题,建设工程项目进行合理有效的临时设施空间优化对于提高项目的施工劳动效率具有重要的意义,有必要对建设工程项目临时设施规划与工作空间协同优化展开深入的研究。

1.2 国内外相关工作研究进展

1.2.1 项目临时设施空间管理的研究现状

工程项目现场临时设施的管理和优化是否合理,与项目能否成功及项目成本多少直接相关。工程项目的总成本通常由直接成本和间接成本组成,其中间接成本通常占项目总成本的 20%～40%[18]。工程项目成本分类模型如图 1.3 所示[19]。

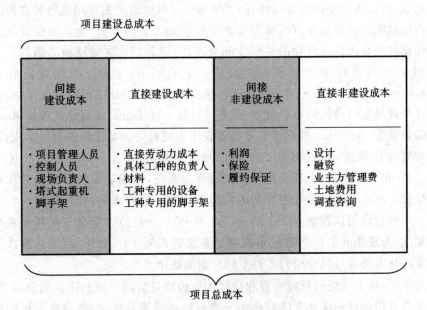

图 1.3 工程项目成本分类模型

　　在工程项目的间接成本中,对施工起辅助作用的临时设施(temporary facilities,TF)如塔式起重机、脚手架等的租赁成本和使用成本是其重要的组成部分。因此,对施工现场不同类型的临时设施进行有效、合理的规划,对项目的成本有重要的影响。此外,当施工现场受到空间大小方面的限制时,如何对临时设施进行空间布置规划,在项目计划中尤为重要。相关的项目空间布置规划主要包括对临时设施类别和数量的识别、尺寸形状的确定及空间位置的优化等[20]。需要合理规划的施工现场临时设施主要包括以下 3 种。

　　(1) 工程施工辅助设施,如脚手架、支护结构等。

　　(2) 临时建筑物,如临时厂房、车间、仓库、项目办公室等。

　　(3) 施工设备,如塔式起重机、汽车起重机等。

　　考虑到不同的施工人员可能会在同一个约束空间和区域内同时工作,而且每一个施工人员都需要必要的工作空间、设备空间、材料储存空间、交通路径通道以及完成工序所需的必要保护空间等,管理人员必须对项目现场进行合理的空间规划。临时设施的空间布局规划除应考虑基本的安全要求以外,还应考虑工程资源的约束、施工人员和施工设备在施工现场的工作流成本以及劳动效率等。通过有效的临时设施规划,可以确定临时设施的类型、数量和放置的空间位置,以提高施工效率、保证项目的成本和工期[21]。

　　目前,工程项目的临时设施空间规划研究主要集中在现场临时设施的拓扑空间规划、临时设施的空间位置优化、脚手架等具体临时设施的空间规划等方面。

　　传统的临时设施拓扑空间规划主要依靠管理人员的判断,为了对该计划过程进行优化并提高该优化过程的科学性和合理性,学者们在临时设施的拓扑位置和空间规划方面进行了大量研究。如 Cheng 和 Connor 通过将地理信息系统(geographic information system,GIS)与数据库管理系统相结合,开发了 ArcSite 工具进行现场临时设施的布局规划,该系统将施工现场布局规划的具体要求、临时设施的数据库、Arc/Info 数据库以及临时设施布局设计自动化算法进行集成,提出了一种启发式算法,以模拟人工决策的过程并输出每一个临时设施的优化位置[22]。Li 和 Love 提出了基于遗传算法的规划系统,以确定现场各种临时设施的合适位置。该系统在满足规划布置的约束条件和空间需求的同时,将临时设施分配给一系列预设的位置地点[23]。Anumba 和 Bishop 将施工安全与现场布置规划进行集成,为现场的空间布置规划提供了系统的准则[24]。另外,启发式算法和其他相关优化方法也可以应用到工程空间规划问题中[25-27]。

　　近年来,施工现场的设施布置和空间规划仍然是空间管理和研究的重点[28-32]。相关学者采用多目标优化方法对两个安全目标函数进行优化,并将临时设施的成本影响进行了综合考虑,对现场临时设施的布局和空间规划进行了优化[33]。Lee 等基于和声搜索(harmony search,HS)算法对高层建筑的模板设施进行了空间规划,有效提高了模板的施工效率并降低了模板的使用成本[34]。Schuldt 和 El-Rayes 集成空间布局规划的安全措施,建立多目标优化模型,搜索并识别出现场布局的空间最优计划,以达到成本最小化和设施破坏等级最小化的双重目标[35]。Song 等基于双层次优化模型和粒子群算法对工程设施的空间布局规划和材料物流规划进行了分析和优化[36]。RazaviAlavi 和 AbouRizk 利用遗传算法和仿真优化方法将设施规划变量(尺寸、位置、方向)以及施工计划变量(资源和材料交货计划)共同考虑,识别出可行计划和最优空间计划[37]。Huo 等采用问卷调查方法对设施规划和设计相关的变量进行重要性和困难度的评价,识别出绿色建筑中的关键变量[38]。从以往的现场临时设施布局和空间规划的研究可以看出,多目标优化方法、进化算法等数学方法被广泛应用到空间规划问题上。同时,临时设施空间布局规划的相关研究主要与项目安全性、成本、施工劳动效率等方面的优化密切相关。

国内学者主要采用数学优化和可视化等方法对项目施工现场的空间布局进行了研究。钟登华等在三维数字模型基础上,通过 GIS 平台对水利工程施工总布局进行了动态可视化研究[39]。周友海等针对施工场地空间受限的情况,采用目标规划方法建立了场地平面布局和优化的简化模型[40]。宁欣在价值工程理论的基础上,采用蚁群算法进行目标函数寻优,对施工场地布局进行优化,达到减少成本、保证施工安全的目的[41]。Ning 等将施工现场布局问题转化为多目标优化问题,提出了两个安全目标函数,并结合成本目标函数形成了多目标蚁群优化模型[33]。另外,部分学者结合施工安全进行了施工现场布局的优化和评价研究[42,43]。刘文涵针对施工现场平面布局问题,采用蚁群遗传算法提出了相应的安全模型来求解帕累托多目标优化问题[44]。左梦来等通过遗传算法和改进系统布局规划(systematic layout planning,SLP)方法提出了施工现场的平面布局模型,以达到节约物流成本和提高项目管理水平的目标[45]。周婷婷采用 SLP 方法和蚁群算法对建设工程项目的平面布局进行优化,以达到提高项目的环保水平、降低建筑成本等工程目标[46]。龚小虎基于系统布局设计的方法,采用三角模糊数评价方法对施工场地的临时设施进行布局优化,建立了多属性优选决策模型[47]。

与塔式起重机和汽车起重机等施工辅助设备相关的位置优化问题一直以来都是临时设备空间优化研究的重点[48]。项目用地范围内施工活动和工序的进行需要塔式起重机和汽车起重机的有效支持,它们的空间位置将直接影响临时设备的迁移成本、运行成本和整体工程的施工效率。从项目安全性和设备配置出发,塔式起重机和汽车起重机在工作时存在一定的服务空间,其服务范围由最小空间约束半径和最大空间约束半径决定,构成了它们能够服务和支持的约束包络空间。为了避免施工现场多个塔式起重机之间出现空间冲突和设备碰撞,应该在项目计划阶段对塔式起重机之间的活动重叠区域进行有效控制[49]。从操作安全性的角度,有研究对塔式起重机的运输特点和运行过程中的空间利用进行了量化研究[50],对塔式起重机的个别风险进行了累计计算和优化[51-53]。此外,相关研究表明,通过数学方法可以对吊钩的移动次数进行预测和优化,还可以对实际的塔式起重机效率进行量化测算。其中,塔式起重机的移动次数还可以通过遗传算法[54]、混合整数规划[55]、粒子蜂算法[56]等来进行有效的求解和优化。同时,在之后的研究中,还添加了塔式起重机承载能力和租赁成本的分析来对优化模型进行约束和完善[57]。为了保证塔式起重机操作的安全性和平稳性,相关研究对塔式起重机的吊钩移动进行了仿真模拟,分析吊钩的起升机理,用多自由度机器人模拟塔式起重机的操作细节,并实现其可视化仿真[58-60]。通过视觉系统[61]、导航系统[62]、快速碰撞检测算法[63]以及路径规划算法[64]等辅助塔式起重机的空间位置优化并减少安全事故的发生。同时,BIM 和 GIS 等技术平台也可用于研究塔式起重机的空间布局规划,提升仿真结果的可视性[65,66]。

除塔式起重机、汽车起重机等临时设施外,脚手架系统也是施工现场重要的工程临时设施。脚手架系统的空间管理和优化方法在后续章节会进行详细的介绍。

1.2.2　项目工作空间研究现状

目前,施工现场的空间管理大多依赖管理人员的经验,导致施工人员之间出现工作空间冲突,项目工作空间利用率较低,施工生产效率水平较低等问题。Mallasi和 Dawood 在影响施工生产效率的研究中发现,施工人员之间的工作空间冲突会导致施工人员的劳动效率降低 30%[67]。

在目前的项目管理方法中,网络计划方法和施工进度管理方法都难以对工序施工过程中所需的工作空间进行有效的计划和优化。施工过程中,任何施工操作或工序的执行,都需要特定的、具体的工作空间。这类需求也可以定义为工序的工作空间需求。工作空间需求由支持工序完成的相关资源决定,因此工序的工作空间需求也等同于相关资源所需的必要空间。当实际施工空间不能满足某工序的工作空间需求,或施工现场能提供的工作空间有限时,施工人员的工序操作、施工设备的运行以及材料的搬运都会出现困难,导致该工序或施工任务不能有效执行。在相对拥挤的环境中,施工人员也只能以较低的劳动效率完成该工序的操作[68]。因此,工作空间进行合理的计划在项目管理中是非常必要的。

为了对现场的工作空间进行有效的计划和优化,需要对工序操作所需的工作空间进行量化研究。Thabet 等在其研究中定义了工作区的需求空间和可利用空间,并把这两项指标作为量化比较参数[68]。其中,需求空间是指施工人员、施工设备和材料运输所需的空间,而可利用空间是指整个工作区空间减去所有同时执行工序的相关需求空间。他们的研究进一步将需求空间分成三类:第一类是指占据了整个工作区的需求空间,该类需求空间不能与其他工序共用同一工作空间;第二类是指施工人员可以与施工设备共用的需求空间,但这类需求空间不能与施工材料的存放共用同一空间;第三类是指施工人员、施工设备和施工材料占用、可以共享的需求空间。依照这种分类标准,项目管理者可以在工序执行前对现场空间进行分类并完成方案的优化。

Sirajuddin 等学者在工作空间现场分配的研究中指出,对于工序执行所需的三维工作空间,其长度、宽度、高度等空间参数可以从管理者或计划者以往的工作经验中获得。此外,这些空间参数也可以参考设备使用手册和工具使用手册等[69]。为了满足工作空间分配和空间计划的需要,Akinci 等学者建立了 4D 工作空间计划系统(workplanner space generator)。在该系统中,不同资源的空间需求信息可以通过空间基准构件以及构件之间相对位置确定。例如,在使用 4D 工作空间计划系统时,可以通过描述脚手架系统是位于建筑外墙的"外面"或"里面"来表示相关工作空间在现场的位置[70]。

当工作空间发生冲突或工作区出现拥挤时,项目的工作流和施工人员劳动效率都会受到较大影响[71]。当施工人员共用同一个工作区而工作区空间出现拥挤时,就会产生工作空间的冲突。Watkins 等对空间拥挤程度和劳动效率之间的关系进行了研究[72]。如图 1.4 所示,参数 C 代表某工种的施工劳动效率受空间拥挤的影响程度。从图 1.4 中可以看出,当空间拥挤程度增加时,受空间拥挤程度影响较大的工种相应的劳动效率会显著降低。因此,对于受空间拥挤程度影响较大的工种,降低现场的空间拥挤程度对提升施工人员的劳动效率尤为重要。

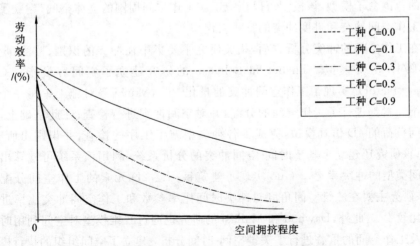

图 1.4 施工现场拥挤程度与施工人员劳动效率之间的关系

由于以往的项目管理采用的 2D 网格方法并不能为管理人员或计划人员提供 3D 的空间数据,2D 网格方法也只能解决单一平面上的工作空间优化或冲突问题。为了实现工作空间和空间冲突的可视化,研究人员逐渐开始采用 3D/4D 分析方法来进行空间利用计划和空间优化。例如,在工业项目或管道施工项目中,现场空间的 3D 空间角度分析,可以确保施工现场能给操作人员提供足够的空间进行相关的工序施工。

为了对空间冲突进行有效的识别和可视化,并提出相应的解决方案,学者们进行了大量的研究。Akinci 等学者提出了识别工作空间冲突类型的理论方法。该方法建立了空间-时间冲突分类系统,按照属性对空间冲突类型进行了有效分类[73]。Guo 通过考虑进度约束下的空间可利用性,以及路径约束下的生产效率损失,分析了可选择空间的可能性,并对工作空间冲突进行了分析,实现了空间利用率的有效优化[74]。Mallasi 提出了关键空间-时间分析的概念[75]。这些研究对工作空间之间的重叠和冲突程度进行了量化,并将量化方法应用到了建筑工程项目中,实现了工作空间冲突的可视化[67]。Song 和 Chua 采用"时间-空间系统"方法建立数据模型,将项目信息集成化,对工作空间冲突进行有效识别和检测[76]。Thomas 等对实际建筑工程案例中出现的工作空间冲突进行了分析,通过研究空间冲突对施工人员劳动效率的影响,评价了施工中工作空间冲突发生的风险[77]。Sacks 等提出了一种空间可视化方法,该方法可以将设备操作的有效半径约束条件加入考量范畴[78]。此外,Winch 和 North 的研究指出,关键空间分析方法可以解决工作空间的调度问题,这项研究建立的 AreaMan 和 SpaceMan 系统可以工序工作空间之间的冲突进行识别和分析[79]。Chavada 等学者提出了可以对工序执行空间进行可视化分析的方法,并对工作空间冲突进行了量化研究[15]。Moon 等学者提出了工作空间的包围盒子模型,该模型可以模拟工序工作空间周围的立体空间,建立了能够识别工作空间冲突和进度冲突的算法与模型[80]。

在工作空间的冲突分析方面,相关研究主要集中在冲突的识别、监测、量化和 2D/3D/4D 仿真模拟。Thabet 和 Beliveau 的研究建立了空间容量指标(space capacity factor),实现了工作空间冲突的量化[68]。Akinci 等对施工中每一个工序的三维元素都进行了工作空间的分配,并对空间冲突进行检查;在此基础上,实现了空间负荷的 4D 仿真模拟,完成了各种类型施工工序的检查,并识别出所有 3D 冲突;该研究还建立了基于时间-空间冲突的分析系统,利用该系统可计算出每一种空间类型的冲突率[81]。Guo 实现了建筑每一层 2D 元素的工作空间分配及建模,该研究主要在二维空间角度对冲突时间比率参数和工作空间冲突比率进行计算和比较[74]。此外,Dawood 和 Mallasi 的研究也通过二维模型对空间利用时间的重叠及工作空间的重叠进行了关键空间-时间分析,建立了空间组织的执行模式及复杂性分析系统,实现了工作空间冲突的可视化[82]。Winch 和 North 的研究通过对 MS-project 计划中涉及的工序进行空间分配,将 2D 关键空间冲突检测与 3.5D

模拟结合,实现了空间冲突的有效识别[79]。在无其他项目管理软件如 WBS 软件辅助的情况下,Chavada 等将 $1:N$ 和 $N:1$ 分配方法应用到工序工作空间分析中,提出了轴线校准包络(axis-aligned bounding box,AABB)的方法,对空间冲突工序进行了识别,实现了 4D 环境下的仿真模拟[15]。Moon 等运用计算算法对工作空间信息进行分析,通过 4D 仿真器自动建立了工作空间模型,并实现了工作空间冲突的有效识别和监测[80]。

国内外已有的工程项目空间管理研究表明,建设项目现场的空间识别和管理、空间冲突管理以及空间的优化对于提高项目的施工劳动效率、节约项目成本、实现项目管理的信息化都有重要的影响。因此,项目空间的有效管理和合理优化,对现代工程项目的运行及目标实现都具有重要的意义。

1.2.3　脚手架系统空间管理研究现状

脚手架系统作为辅助工程施工的重要临时设施,可以为施工活动、工序操作和材料设备运输提供必要的平台支撑,在工程施工过程中发挥重要的作用。

脚手架系统的规划对工程施工的成本、速度和安全都有较大的影响。脚手架系统的成本属于与工程项目临时设施相关的费用,是项目间接建设成本的重要组成部分。在美国建筑业研究院(construction industry institute,CII)的一项调查研究中,相关研究人员对建设工程项目中不同类别间接费用的重要性进行了比较和研究。该项研究的结果表明,不同类别间接费用成本对于项目总体表现的重要性不同,其相对重要性如图 1.5 所示[83]。从研究和统计结果可以看出,与脚手架相关的费用是间接费用中对项目总体表现影响较大的四个支出项目之一[83]。另外三个比较重要的支出项目为施工现场管理费用、主要施工设备费用和项目管理费用。间接费用成本中的其他类别,如临时围栏、临时道路和停车场、项目现场服务、项目现场维护、临时住房、消耗品、临时办公室和服务场地、水电、其他管理费用支出等,虽然也会影响项目的总体表现,但重要性并不突出。由此可以看出,对脚手架系统进行合理规划和空间优化,对于提高项目的总体表现起着至关重要的作用。

在建设工程项目中,根据脚手架系统的特点和功能,可以将常见的脚手架系统分为 10 种类型:钢管脚手架、安全爬梯、移动脚手架、剪叉式升降机、滚轮脚手架、单杆木质脚手架、双杆木质脚手架、系统脚手架、悬挂式脚手架、挑出式脚手架。计划编制人员可以从项目空间数据中提取出相关的工序特点和信息,并按照工序特点和需求来选择合适的脚手架系统[84]。工序的特点和信息主要分为工作面几何属性信息和工序属性信息。如图 1.6 所示,几何属性主要包括建筑物/构筑物中墙的高度、工序工作面的方向、工序相对于底层支撑面的位置、结构底层支撑面的高度和墙的宽度。工序属性主要包括工序的操作方向、工序的施工速度以及工序的操作方式等。计划人员可以通过对工序属性特点的识别分析,来选择合理的脚手架系统方案。

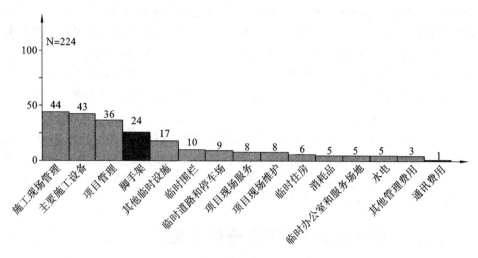

图 1.5　间接费用成本相对重要性

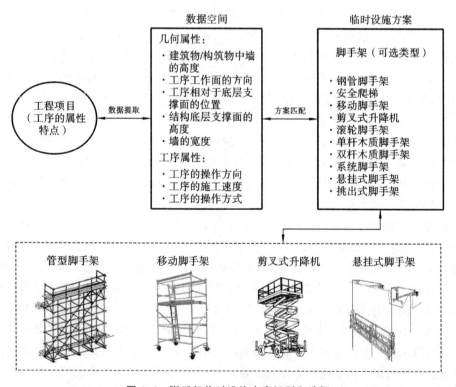

图 1.6　脚手架临时设施方案识别和选择

　　此外,每种类型临时设施的施工条件和环境也是不同的,通过对项目中相关工序的信息提取和分析,可以确定与该工程项目特点相匹配的临时设施类型和规划方案。如在建筑物主体结构的建设过程中,通常在建筑物外墙外侧搭建钢管脚手架,为施工人员提供必要的工作空间。而在管道系统的工序维修和操作中,多采用移动脚手架或剪叉式升降机对施工人员进行辅助。在施工面位置较高,或很难从地面直接搭设脚手架的情况下,可采用悬挂式脚手架对外墙进行施工。因此,为了给施工人员提供必要的工作空间和施工平台,选择合适的脚手架系统对施工的顺利进行至关重要。

对直接辅助施工任务的脚手架、升降平台等临时设施的详细规划,也是项目计划的重要部分。临时设施规划方案的详细程度应与待建项目建筑物或固定结构的施工计划详细程度一致,可以有效避免由临时设施规划不足引起的进度延误。临时设施的规划方案需满足以下要求[85]。

(1) 事先确定临时设施搭建的具体位置、次数和时间。

(2) 将用于临时设施搭建的材料准备妥当,必须保证临时设施安装和搭建的按时性和及时性,并尽量避免和减少由于无效安装和重新安装导致的额外拆除工作和相应的工作成本。

相关学者在脚手架系统的规划方面也进行了大量研究。Kim 等的研究定义了使不同工序间可以共享临时设施的关键信息和空间变量。该研究将临时设施规划深入基本工序的层次,通过定义共享临时设施的结构几何属性和工序相关属性,建立了临时设施规划系统[86]。在 Kim 的另一项研究中,提出了半自动化脚手架规划系统,该系统可以根据工程现场属性特点,对脚手架的类型和相应的规划方案进行有效选择[87]。由此可见,与脚手架规划相关的研究主要侧重于脚手架类型的选择、工序工作面与主要结构之间空间关系的识别以及工序间几何和空间关系的分析等方面。

随着建筑信息模型(building information modeling,BIM)技术的发展,传统的脚手架临时设施搭建的人工规划已经无法满足现代建设项目对管理优化和信息化施工方面的要求。在现代建设项目中,项目设计人员和管理人员可利用 BIM 中丰富的建筑信息,结合工程进度计划对项目的施工状态进行有效的评价。在 BIM 辅助下,项目管理人员可对需要搭设脚手架系统的空间位置进行识别,对脚手架系统进行合理设计、可视化和仿真模拟,进而计算出脚手架系统对施工辅助的有效程度,输出所需的数据和施工信息。针对传统的管型脚手架系统,Kim 和 Teizer 两位学者构建了 BIM 平台下的脚手架自动规划系统,该系统可对工程 BIM 模型中的几何和非几何属性进行自动识别,进而生成符合工程标准和施工规范的脚手架系统方案,并输出 3D 模型[85]。

美国职业安全与健康管理局(occupational safety and health administration,OSHA)对脚手架设施搭设有明确的准则和安全规范。例如,OSHA 规定当施工人员的工作高度超过一定的限值(该限值在美国为 6 英尺,约 1.8 m)时,现场必须搭建脚手架进行施工操作,还规定了不同情况下允许搭建的脚手架类型。为了保证临时设施搭建的安全性和有效性,许多建筑工程公司引进了先进的信息管理技术(如基于模型的 BIM 技术),将临时设施规划融入工程项目总体规划中。

图 1.7 展示了脚手架仿真规划的应用实例,其中包括美国巴尔的摩大学法学院项目、日本新东京铁塔项目,及利用 Scia Scaffolding 软件进行脚手架建模的实例。在美国巴尔的摩大学法学院项目中,分包商对模板系统和脚手架系统均进行了 3D 建模,并将脚手架系统的设计和规划融入主建筑模型中[88]。由于采用了参数化建模方法,该方法有效减少了实际施工的人工投入,节省了项目成本并有效缩短了建设工期。在 634 m 高的新东京铁塔(又称东京晴空塔、东京天空树)项目工程规划中,项目方采用 Tekla 软件建立了 3D 建筑信息模型,业主和设计方均可利用 BIM 模型评估设计的可行性。在项目后期的维护工作中,分包商将脚手架系统等设施的信息添加到工程模型和仿真模拟系统中,完善了项目的信息。Scia Scaffolding 软件可以对各种类型的脚手架系统进行建模、可视化分析和检查,项目计划和管理人员也可以在该软件中手动设计脚手架系统,并检查脚手架系统的结构稳定性。此外,工程师也可根据自己的需求,采用标准建模方式创建准确有效的脚手架模型,或采用参数化方式建立合适的脚手架模型。

 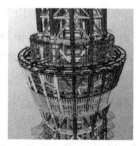 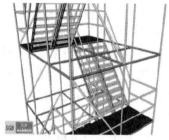

(a) 美国巴尔的摩大学法学院项目　　(b) 日本新东京铁塔项目　　(c) 利用Scia Scaffolding 软件进行脚手架建模

图 1.7　脚手架仿真规划的应用实例

在脚手架系统的安全性研究方面,Kim、Ahn 以及 Sulankivi 等的研究将脚手架护栏等安全设施添加进 4D-BIM 临时设施模型中,对临时设施的安全性进行了系统性的评价,并在施工的计划阶段完成了安全风险评估[89,90]。

1.2.4　工程空间管理和优化中的计算机辅助方法

为了进行高效的工程项目空间管理和优化,许多计算机优化算法和可视化方法都在工程计划和管理过程中得到了应用。其中,基于仿真(simulation-based)的方法和基于规则(rule-based)的方法是在空间优化过程中应用的主要方法。

(1) 基于仿真的方法。

计算机仿真是根据过去的经验或未来的发展趋势来模拟和预测事物发展结果

的方法。该方法在很多领域得到了应用,如飞机制造、太空探索及建筑施工[91]。工程设计管理人员可使用计算机仿真分析并选择设计方案(如利用静态或动态的仿真工具来分析不同的备选规划方案)、选择拟采用的技术方法或模拟施工过程,因此,项目方无须实际建设完成整个项目就可以得到不同方案的评价结果,进而有效地控制项目的计划成本。与建立真正的规划系统并不断改进这个系统相比,计算机仿真模型对系统进行测试和改进更具有经济性和高效性[92],因为计算机仿真优化方法可以减少人力投入并降低时间成本。

对于工程现场设施的规划、设计、分析和优化的问题,项目管理和设计人员可以采用仿真模拟方法建立模型,实现设施规划的可视化并进行优化分析。通过对现场空间的识别,提出既满足工程预算目标,也满足工期和安全目标的空间规划方案[93]。例如,对于预制混凝土构件存放场地的空间规划,管理和设计人员可以采用人工智能和仿真模型相结合的方法,对方案中涉及的参数进行有效识别,进而建立基于仿真模型的规划系统并提出相应的空间规划方案[94],达到减少预制混凝土构件装卸调度时间的目的。

此外,基于仿真的方法既可以辅助项目管理者分析评价所有静态备选方案,也可以建立项目的动态方案。对于空间冲突分析和管理问题,许多研究同样应用了基于仿真的方法。Kamat采用离散事件仿真方法来描述3D事物,并用于施工项目现场的空间冲突检测[95]。Tommelein对施工现场工人的移动时间进行了仿真模拟,提出确定临时设施位置的空间规划方法,使用该方法可综合分析临时设施和工人的位置、工人的空间需求、行程时间、服务时间等的关系,进而有效识别出施工现场临时设施的最优位置[96]。Zhang等学者采用基于工序的可视化系统对工程施工过程进行了仿真模拟,并实现了仿真过程中的状态变化和仿真实体之间动态交互性的可视化,使计划者和用户能够更容易了解工程施工的动态过程[97],而施工过程则可以通过建立几何模型进行仿真模拟。Akbas对工人工作空间位置的序列进行了排序,并采用仿真方法对施工过程中的空间变化进行了模拟[98]。对于具有空间约束的规划问题,Bargstädt和Elmahdi通过二维网格的仿真方法模拟了工作空间的占用情况[99]。Moon等学者则在研究中采用了4D仿真器来检测工作空间冲突,利用边界框模型模拟施工工作空间,并应用遗传算法对系统中的工作冲突空间进行识别[80]。上述研究表明,仿真方法是解决工程项目空间计划和优化问题的有效工具。

(2)基于规则的方法。

基于规则的方法是用程序化的语言将执行工序或工作任务的本质过程编译成系统的方法,可在具备准确知识的前提下建立相应的规则,并能根据知识的变化建立具有灵活性的系统[100]。此外,基于规则的系统一般具有通用化的特点。因此,该系统建立后,通常可以在各相关产品中得到广泛的应用[101]。

随着 BIM 技术的发展,在工程建设项目初期对规则检查(rule checking)和仿真的使用越来越普遍[102]。在工程项目中,基于规则的系统通常定义为:在不变更工程设计的前提下,可以对建筑构件进行分析的软件系统[103]。对于用户而言,基于规则的系统可以对模型中建立的不同规则进行识别、定义和应用,并在规则执行后返回执行结果和报告。通常返回的信息由"通过"(pass)或"未通过"(fail)组成[104]。此外,用户还可以利用 3D/4D/BIM 平台,通过自动化的系统界面,快速、高效、可靠地完成设计分析的仿真模拟[105,106]。

在 BIM 平台下,项目管理人员可以通过规则检查过程,实现对模型的有效评估,检查模型是否符合标准和规范,并对模型中信息的准确性及模型的质量进行评价。管理人员还可以将建筑设计标准和施工规范信息转换成计算机或 BIM 平台可以执行的文件,并将根据相关标准和规范形成的规则输入计算机中。在传统的2D 设计过程中,人工绘图很容易出错,同时,由于人工修改图纸的过程也极其复杂,导致绘图效率很低、绘图成本增加。而基于规则的方法可以将人工检查的过程转换为由计算机执行的过程,进而有效提升后期修改设计图纸和模型的效率。在BIM 平台上,只需要对三维模型中的错误及其他需要修改的细节进行修改,三维模型关联的图纸和细节都会相应地自动修改。因此,设计和修改的执行效率也将得到有效提升。

工程项目临时设施空间规划的传统方法主要是由项目管理人员根据个人的经验进行计划。这种计划和管理方法容易在项目实施过程中增加错误发生的风险,引起不同工序间工作空间的冲突。在错误和冲突出现后,施工方需要投入更多的人力和时间成本去修正错误并解决冲突,才能保证项目的正常进行。考虑到项目包含的工序数量庞大,人工完成的空间规划中不出现错误的概率极小,因此,传统的空间规划方法会在一定程度上导致施工进度的延误和施工成本的增加。为了解决此问题,可对项目经理、项目管理人员、施工人员等具有丰富工程经验的人员进行采访调查,并采用基于规则的方法对调查结果进行归纳,总结出不同工序的空间需求及临时设施的搭建规则。在嵌入相关空间需求和搭建规则的计算机模块或专家系统的辅助下,施工人员可搭建出符合规则和标准的工程临时设施。因此,基于规则的方法可以有效提高项目计划和管理的效率,并减小错误发生的概率,进而提高工程的整体施工效率。

通常,规则检查的过程由以下四个阶段构成[104]。

①规则解释阶段:对每一条规则进行解析并建立规则的逻辑架构。直接获取到的规则都是由人类的语言描述的,而在该阶段需要将规则从人类语言映射成机器可读的语言,建立参数化规则及相应的规则表格。

②模型准备阶段:提前准备需要进行规则检查的模型信息。即将规则检查过程中所需的信息从建筑模型中提取出来[107]。

③规则执行阶段：对给定的建筑模型进行规则检查。在技术层面上，这个阶段一般包括规则检查的预处理和后期处理。

④报告阶段：报告规则检查的结果。通常该阶段会输出图形报告和文字报告。

相关研究也采用了基于规则的方法来改进工程的规划和管理。Zhang 等学者建立了基于规则的系统，并将其用于施工安全隐患的自动检测，该系统利用施工安全相关的规则，可以输出可能发生跌倒事故的位置[103]。Jiang 和 Leicht 采用基于规则的施工能力检查方法，完成了现浇混凝土模板优化问题的分析研究，研究成果可提升工程整体的施工效率[108]。为解决施工临时设施管理的问题，也有学者在研究中应用了基于规则的方法。Kim 和 Teizer 建立了基于规则的空间规划系统，其可以在 BIM 环境下自动设计和规划脚手架系统，通过分析不同施工工作面之间的空间关系，自动生成脚手架系统的布置和规划方案，并输出脚手架系统搭建的位置信息[85]。

1.3　本书主要研究内容与思路

1.3.1　研究内容

虽然与临时设施空间管理相关的课题研究已经采用了许多的创新方法及技术手段，但是在临时设施空间管理优化这一研究领域，目前仍然存在一些问题需要进一步完善。

(1) 缺少较为全面的建设工程项目现场临时设施布局的多指标评价体系来辅助空间布局规划。针对此问题，可对影响临时设施布局规划的因素进行分析，构建影响临时设施空间布局的多指标评价体系，确定相关影响因素的相对重要性和指标排序，并将临时设施的空间布局问题转化为多指标数学优化问题进行求解。然而，目前该领域中较少有研究能够同时关注施工劳动效率、成本、安全等因素对空间布局规划的综合影响。

(2) 缺少关于具体工序的工作空间需求识别研究，以及将工作空间需求与临时设施空间规划相联系的优化研究。目前较少有研究关注具体工序的工作空间需求识别，尚未将项目最基层工序的工作空间需求与现场临时设施的整体空间优化相结合。对于此问题，可以识别出各工序的工作空间需求，结合空间推理关系，确定工序工作空间需求与临时设施之间的空间关系，为提升施工人员劳动效率规划出更为合理的工作空间环境，进而实现施工人员劳动效率的最大化。

(3) 对于直接工作和间接工作中劳动力成本投入的分析问题权衡，缺少利用计算机系统辅助决策的方法和手段。在现场工作空间的管理中，考虑直接工作产出的同时,还应该考虑搭设脚手架系统的过程所需要耗费的人力成本。然而,对于此类问题,仍缺少相应的深入研究。

由于工业项目存在投资巨大、工序数量繁多、管理复杂等特点,空间优化在工业项目管理上的应用具有重要的意义。在大型工业项目中,如管道工程项目、化工工业项目等,施工人员在工程建设以及设备维修、维护和拆除过程中都需要临时设施的辅助。在完成高处的焊接工序或螺栓连接工序时,需要搭设脚手架为工人提供操作平台。然而,随着空间管理研究的深入,相关空间管理优化方法主要应用在民用建筑工程项目上,工业项目的空间管理和优化依然缺少先进管理理念和管理技术的支持。随着信息技术的发展,许多计算机辅助方法可以应用到建设项目临时设施的规划和相关规划方案的优化中。因此,利用计算机辅助的空间优化对工业项目的空间管理和实践具有重要的影响。

针对以上问题,本书以现场临时设施的空间和工序的工作空间为研究对象,通过数学模型、仿真模拟及理论分析等方法展开了研究工作,主要内容如下。

(1) 第 2 章介绍空间布局问题、工作空间理论、多指标优化决策(加权和法、层次分析法、网络分析法、多属性效用理论)和多目标优化的理论基础,对相关的模型和方法进行系统性的阐述。其中,宏观空间布局、网络分析法是第 3 章的研究基础,工作空间理论是第 4 章的研究基础,多属性效用理论和多指标优化是第 5 章的研究基础。

(2) 第 3 章从项目宏观空间布局问题出发,分析影响临时设施布局的主要因素,建立空间布局规划的指标体系,构建基于网络分析法的临时设施布局规划模型,分析相关指标的相对重要性和权重,对空间布局方案的决策问题进行深入分析,并针对指标权重变化对决策结果的影响进行敏感性分析,进而指导方案的决策。

(3) 第 4 章介绍基础工序的工作空间理论并进行空间需求分析,建立工业管道工程中工序的工作空间需求包络模型并进行参数识别。基于工序的工作空间包络模型,对临时设施平台的合理搭建位置进行空间推理,建立脚手架系统的空间放置规则,分析工作空间包络和脚手架平台之间的空间关系,为临时设施平台的高度优化提供理论基础。

(4) 第 5 章研究提高施工人员劳动效率、临时设施脚手架系统利用率的优化方法。以临时设施脚手架空间布置规则为基础,建立脚手架空间优化的多目标模型,并搭建基于仿真的优化框架。通过 MATLAB 仿真实例,对三维管道模型提出相应的脚手架优化设计方案,确定各层脚手架平台的高度,并结合脚手架搭建的劳动力投入成本进行基于多属性效用理论的多目标决策分析。

(5) 第 6 章在以上研究内容的基础上,对全文的工作进行总结并提炼创新点,对未来进一步的研究工作进行展望。

1.3.2 技术路线

技术路线如图 1.8 所示。

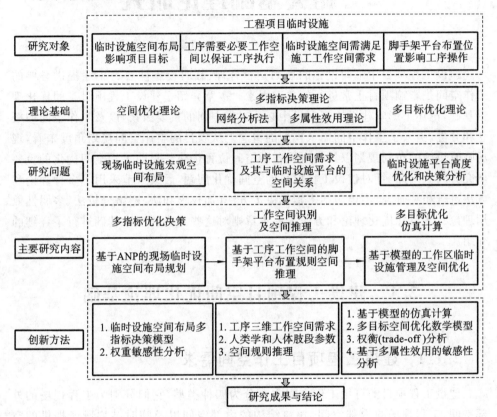

图 1.8 技术路线

2 相关基础理论研究

建设工程项目中临时设施的规划是否合理、临时设施能否为工序提供必要的工作空间是影响项目正常进行的关键因素。本章介绍了建设工程项目空间优化理论基础,论述了影响建设工程项目中必要工作空间的重要因素,以及工作空间的概念和分类,引入了工作空间需求模型的概念。从项目的整体空间规划角度来看,现场临时设施的布局规划以及临时设备的空间位置优化是目前工程空间优化的重要研究方向。因此,针对建设工程项目的空间优化问题,后续章节采用了多种理论和方法进行相关研究,主要包括多指标决策方法(加权求和法、网络分析法、多属性效用理论)、多目标优化理论和方法等。本章则对这些方法的理论基础进行了详细的介绍。

2.1 建设工程项目空间优化理论基础

2.1.1 建设工程项目工作空间需求

建设工程项目的可用工作空间主要分为四种类型,它们分别为工程现场的外部空间、工程现场的内部空间、建筑结构的内部空间以及临时结构所能提供的空间。其中,工程现场的外部空间和工程现场的内部空间主要指地面空间,建筑结构的内部空间则可以划分为不同层的空间和区域空间[74]。

根据以往施工空间管理方面的研究经验,可以将决定现场能提供空间大小的影响因素分为以下几类。

1.建设工程项目的类型

在民用建筑中,项目一般在相对拥挤的城市中进行施工建设,致使施工可用空间相对有限,建筑材料的储存和运输受空间限制的影响较大。因此,施工人员只能将工序所需的各种材料堆放在工作区地面上,这会影响该区域内其他工序操作所需的必要工作空间的大小。

在工业项目中,以管道的安装和施工为例,在项目主体建筑施工开始前需要事先在工作区地面上进行各种管道材料的组合和装配,导致需在其所占区域内进行的其他工序的工作空间相对缩小。

2.施工工作区的空间分配策略

影响工作空间的另一因素是施工工作区的空间分配策略。考虑到不同专业的工种如管道专业施工人员、混凝土施工人员、测量施工人员等可能会在同一个工作区进行操作和施工,而施工计划通常不能具体到对不同工种的工作子区域进行分配。因此,混凝土施工人员和脚手架搭建人员有可能会按照进度计划,在同一个时间段的同一个工作区施工。另外,在实际施工中,不同工种放置施工设备和材料的空间可能出现不足的情况,在出现这种空间冲突时,不同专业的施工人员只能等待上一工序完成,才能有足够的工作空间来进行完整的施工活动。为了不影响项目的进度,不同工种可能需要在拥挤的空间中进行各自的施工操作,导致施工环境不佳、施工效率降低。

以上因素是导致现场工作空间受限的主要原因。因为目前的施工进度计划和网络计划不能完成工作空间的合理分配,也无法在项目计划中将工作空间作为约束因素考虑在内,所以在施工中经常出现工作空间无法同时满足所有工序需求的情况,进而导致施工无法正常进行。虽然在目前实际的施工过程中,可以通过项目管理者和施工人员对工作区的拥挤状况进行人为的检查,并判断现场空间是否影响了施工的正常进行,但是这种人为的检查方式并不能对所有工作区进行高效的检查,也不能随着项目进度和计划的变化自动更新。

考虑到上述空间管理方式存在的各种问题,在建设工程项目管理中进行有效的空间管理具有非常重要的意义。建设工程项目的空间管理是指在项目现场对施工工序的工作空间进行合理有效的计划、控制和监测。相关的研究内容主要包括:施工过程中工作空间的识别与形成、工作空间的分配、工作空间的冲突监测和解决,以及工作空间的 3D/4D 仿真模拟和可视化等。在建设工程项目的施工管理中,空间管理的相关概念和管理方法的广泛应用使项目管理者能够进行有效的空间分析,进而为基层施工人员提供更高效的施工环境。

2.1.2 工作空间需求模型

考虑到不同建设工程项目中涉及的施工方法和工序不尽相同,项目的工作空间可以分成多种类型。对于工序而言,其操作和执行需要不同类型的工作空间来支持。工作空间一般可分为 12 种类型:各种构件占用的空间、施工布局区、卸载区、材料运输通道、人员通道、材料储存区、组装区、预装配区、工序执行区、工具设备区、垃圾废物区、安全保护区和危险区。这 12 种工作空间可以进一步归纳为如下三类[70]。

(1)宏观空间指施工现场占地面积较大的空间,如材料储存区、组装区、施工布局区、卸载区以及预装配区。

(2)微观空间指构件安装和操作所需的施工空间,如工序执行区、工具设备区、安全保护区和危险区。另外,也包括需要构件安装本身所占用的空间。

(3)通道指预留的人员通行空间、材料和废物运输的空间,如材料运输通道、人员通道。

以上所有类型的工作空间均具有三方面的特点:空间需求的大小、时间和位置[20]。空间需求的大小是指工序正常执行过程中所需的三维空间大小。空间需求的时间是指在施工现场某工序需要特定工作空间的具体时间。影响空间需求的时间的因素主要包括工序的执行时长、开始和结束时间、设备操作时间、设备运行的开始和结束时间、资源的可利用时间等。空间需求的位置受工序本身的操作位置、运输通道的位置和现场的环境等因素影响,是研究和实际计划中需要考虑的。

此外,工程项目工作空间由项目中的各种资源共同组成,包括施工人员、设备和施工工具等所需的空间[69]。因此,工作空间的分配应包括各种资源所需的空间大小及空间位置的确定。同时,为施工人员提供的工作空间,需要满足工序执行的空间需求及施工设备操作的空间需求。也就是说,工序周围的空间应满足施工人员操作的基本空间需求。

因此,本研究采用三维空间包络盒子法对施工人员执行工序的工作空间需求进行了定义,如图2.1所示[75]。对于一个结构构件,相应的施工操作所需的工作空间可以通过三维工作空间需求模型表示。而该模型需要在水平和竖直两个方向上对空间需求进行具体描述。

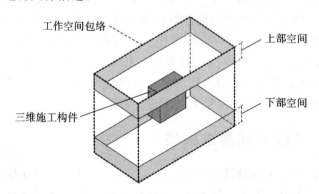

图2.1 施工构件周围三维工作空间需求模型

2.1.3 临时设施空间管理及优化理论

建设工程项目现场临时设施的空间管理主要包括项目现场拓扑布局的空间管理和规划、临时设备的空间位置优化,以及临时设施(如脚手架平台、升降机平台等)的空间管理和优化。

1. 现场拓扑布局空间管理优化理论

在现场拓扑空间布局规划中,建设工程项目现场的构筑物和建筑物主要由待建设的结构主体、服务设施、障碍物(如树木和已有建筑物)、运输通道和人员通道、施工现场的边界等组成。因此,布局规划的主要目标是对现场的构筑物、建筑物和各种设施通道等进行科学合理的空间优化,以达到工程目标的最优化。在项目现场,合理的空间布局要达到安全性的目标,并具有良好的机动性。良好的空间布局也有助于提高施工劳动效率、缩短工期,并达到减少项目成本的目的。

为提高项目的安全性,以往的空间布局研究中,研究人员对临时设施进行了科学合理的安排和优化。研究人员将与项目安全性密切相关的临时设施分为通道、装卸区、仓库、急救站、公共卫生间和休息区等。这类临时设施的规模和数量应和项目的总体规模、施工特点、项目现场人员的数量相匹配。例如,当现场的人员数量过多时,则需要在现场搭建更多的卫生和保健设施以改善卫生条件,并采取措施保障施工人员的健康。

在项目临时设施的拓扑布局中,临时设施之间的空间关系以及临时设施相对位置的分析和确定是重要的研究课题。有效的临时设施空间布局方案能够提高项目的安全性,加快资源的流动速度并减少资源与人员流动过程中可能出现的空间冲突。通常,设施之间的空间位置关系是决定施工人员劳动效率、材料运输和人员交通成本的因素之一。图2.2展示了某工程项目现场的空间布局案例。深灰色部分表示固定建筑物,浅灰色部分表示不同的临时设施。

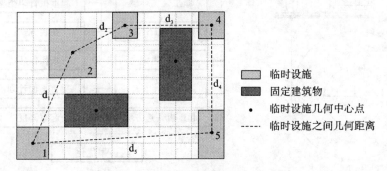

图 2.2 某工程项目现场的空间布局案例

通常情况下,为确定临时设施的空间邻近程度,使各临时设施之间的运输成本最小化,可以通过式(2.1)进行计算[109]。

$$C_{\min} = \sum_{i=1}^{n-1} \sum_{j=i+1}^{n} d_{ij} R_{ij} \tag{2.1}$$

式中,$C_{\min}$表示最小化运输成本;n表示临时设施的总数量;d_{ij}表示设施i和设施j间的距离;R_{ij}表示临时设施i和j之间的交通运输成本参数,或临时设施i和j之间距离的邻近权重参数。

临时设施的空间邻近关系是项目现场布局问题中需要考虑的重要影响因素之一,其他影响因素将会在第 3 章进行详细的阐述。

2. 临时设备空间位置优化理论

临时设备空间位置优化问题的目标主要集中在以下方面[49,110-117]。

(1) 减少塔式起重机、汽车起重机的反复移动费用。

(2) 使塔式起重机与汽车起重机以及其他设备、结构之间的空间冲突最小化。

(3) 汽车起重机的空间动态规划。

(4) 塔式起重机和汽车起重机空间优化的仿真模拟。

临时设备(汽车起重机和塔式起重机)的空间优化平面模型和优化过程如图2.3 所示[113]。由于在工程施工中,汽车起重机和塔式起重机的吊钩需要在水平和垂直两个方向上移动,这类临时设备的空间位置优化也因此被视为一个复杂的三维空间计划问题。由于临时设备的安装位置会受到一些约束条件的限制,只依赖项目计划人员的经验进行规划通常无法达到空间的最优化。因此,为了实现汽车起重机、塔式起重机等设备的空间位置最优化,可将智能算法和仿真模拟等信息化技术方法引入到空间规划中。

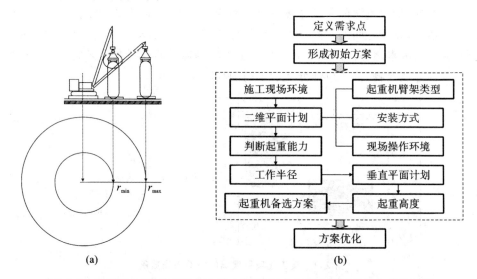

图 2.3　临时设备(汽车起重机和塔式起重机)空间优化平面模型和优化过程

图 2.3(a)表示汽车起重机的服务半径和区域,该服务区域的范围由汽车起重机的臂架类型决定的,而汽车起重机的起重能力由半径载荷曲线决定。负载物的重量越大,汽车起重机的操作半径则越小。此外,由于材料的需求位置和供应位置都必须在汽车起重机的服务区域,汽车起重机的空间位置优化还需要同时考虑塔式起重机运输材料的操作成本、材料运输的效率、操作的安全性等多方面因素。因此,起重机的空间位置优化是一个复杂的多目标优化问题。

3.临时设施(脚手架、临时搭建平台)空间优化理论

脚手架、临时搭建平台等临时设施可以为施工人员提供垂直高度上的空间支持,这种空间支持贯穿在整个工序执行过程中的。如图 2.4 所示,建筑物内部脚手架平台的空间位置是根据其安装搭建规则确定的。美国建筑行业规定当施工人员的工作高度超过规定高度(通常为 183 cm)时,施工人员必须使用某种临时设施为其提供支撑平台,如脚手架、升降机等。

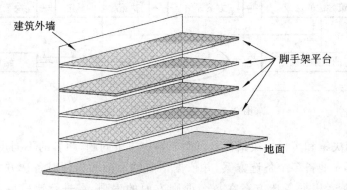

图 2.4 建筑物内部脚手架平台的空间位置

如果脚手架系统的选择、搭建和平台高度可以根据平台所支持工序的具体空间需求来确定,项目的施工效率将得到显著提升,项目成本也会相应降低。这部分内容将在第 4 章、第 5 章进行详细阐述。

2.2 多指标决策研究的理论基础

2.2.1 多指标决策优化

多指标决策方法是决策理论中应用非常广泛的方法,它能够在满足一系列决策准则的条件下建立解决相应决策问题的通用运筹学模型。

对于此类决策问题,有许多不同的方法可以对其进行求解,例如,基于优先级的方法、基于排名的方法、基于距离的方法以及混合方法等。这些方法可以进一步分成确定性方法、随机性方法和模糊性方法等。此外,为解决一些实际问题,也可以综合以上多种方法进行计算。

多指标决策的基本过程如图 2.5 所示,通常分为如下步骤:①确定备选方案并对决策准则进行识别和确认,选择合适的决策方法,将备选方案和决策准则输入到决策过程中;②根据决策准则进行方案评估,确定决策过程的相关参数,并在应用选定的决策方法后,对输出的结果进行分析,做出最终的决策;③在最终决策前,决

策者对上述步骤的合理性进行判断,对决策结果进行初步分析,并将分析结果反馈到决策过程中。

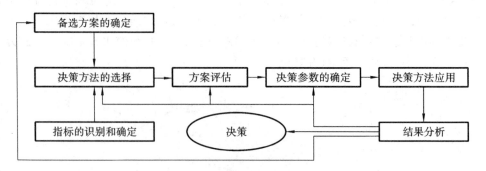

图 2.5　多指标决策的基本过程

多指标决策和多目标决策都可以用于解决决策问题,两者的不同点在于:多指标决策会预先准备多个备选方案,并依据一定的准则和指标对备选方案进行分析和评价,决策者根据备选方案在每个准则方面的表现,在进行比较后做出最终决策;多目标决策问题需要给定一系列目标函数和约束条件,不会预先确定问题的方案。通常来说,得到的最优解应满足以下条件:对于某一目标函数,该解在不损害其他任何一个目标函数的前提下,可以提升该目标函数的表现。多目标决策将在后续小节进行详细阐述。

2.2.2　加权求和法

加权求和法是一种应用非常广泛的多指标决策方法,当决策问题中存在 m 个方案、n 个指标时,可依据指标之间的相对重要性对所有指标进行预处理,将每个方案关于指标 j 的表现与其权重值 w_j 相乘,并进行加和,进而得到每一个方案 i 的属性加权和 C_i。其计算过程如式(2.2)～式(2.4)所示。

$$C_i = \sum_{j=1}^{n} w_j a_{ij} \tag{2.2}$$

且
$$\sum_{j=1}^{n} w_j = 1 \tag{2.3}$$

式中,C_i 表示方案 i 的属性加权和,$i=1, 2, 3, \cdots, m$;n 表示决策指标的数量;a_{ij} 表示第 i 个方案关于第 j 个指标的实际表现评价值;w_j 表示第 j 个指标的相对权重。

在属性加权最大化的决策问题中,最优方案需要满足如下条件。

$$C^* = \max_i \sum_{j=1}^{n} w_j a_{ij} \tag{2.4}$$

式中,C^* 表示最优方案的属性加权和。

　　该方法可以有效地解决单一维度的决策问题,但对于解决多维度的决策问题有一定的局限性。

2.2.3　层次分析法

　　层次分析法通过将专家的经验和数学方法相结合,将复杂的多指标决策问题转换成为分层次的系统决策问题。

　　层次分析法的基本步骤是:①针对较为复杂的决策问题,将影响决策问题的因素转化成分层的指标体系;②对同一个层次中的指标,根据一定的标度标准进行重要性的比较,从而构建出指标相对重要性的判断矩阵;③计算出各个指标的权重;④通过对指标权重进行一致性检验,对分层的指标体系进行合并,并进一步计算出各个指标的总排序权重[118]。

　　对于一个层次指标集 U,指标 U_i 和 U_j 均为指标集 U 中所包含的指标。可以将指标 U_i 对于 U_j 的重要程度表示为 u_{ij}。通过表2.1所示的1~9标度表示方法对两个指标之间的相对重要性 u_{ij} 进行判断,进而构建出判断矩阵 $\boldsymbol{u} = \begin{Bmatrix} u_{11} & u_{1n} \\ & \\ u_{n1} & u_{nn} \end{Bmatrix}$。

该矩阵满足 $u_{ij} > 0$, $u_{ij} = \dfrac{1}{u_{ji}}$, $u_{ii} = 1$。

表 2.1　1~9 标度表示方法

标度数值	表示含义
1	U_i 和 U_j 同等重要
3	U_i 比 U_j 略微重要
5	U_i 比 U_j 显著重要
7	U_i 比 U_j 更加显著重要
9	U_i 比 U_j 极端显著重要

　　对判断矩阵 $\boldsymbol{u}$,计算出矩阵 $\boldsymbol{u}$ 的特征向量 $(w_1, \cdots, w_j, \cdots, w_n)^{\mathrm{T}}$,并得到最大特征值 $\lambda_{\max}$。通过式(2.5)~式(2.7),求出满足 $uw = \lambda_{\max} w$ 的特征值与特征向量。对特征向量进行标准化计算,可得到所有指标的权重值。

$$w_i = \left(\prod_{j=1}^{n} u_{ij} \right)^{\frac{1}{n}} \tag{2.5}$$

$$w'_i = \frac{w_i}{\sum_{i=1}^{n} w_i^n} \tag{2.6}$$

$$\lambda_{max} = \sum_{i=1}^{n} \frac{(uaw)_i}{nw_i} \tag{2.7}$$

得到指标的权重后,需要对矩阵的一致性进行判断和检验,以确定指标相对重要性的判断是否合理。通过式(2.8)、式(2.9)进行一致性指标的计算。

$$CR = \frac{CI}{RI} \tag{2.8}$$

$$CI = \frac{\lambda_{max} - n}{n - 1} \tag{2.9}$$

式中,CR 表示随机一致性比率,CI 表示一致性指标,RI 表示随机一致性指标。

根据 CR 值是否超过 0.1,判断所建立的判断矩阵是否具备一致性。若 CR>0.1,则判断矩阵不符合一致性要求;若 CR≤0.1,则说明判断矩阵符合一致性要求。这时求得的特征向量 $(w_1, \cdots, w_j, \cdots, w_n)^{\mathrm{T}}$ 为权重矩阵。

2.2.4　网络分析法

网络分析法是一种常用的多指标决策方法,是层次分析法的延伸和扩展。层次分析法可以将复杂的决策问题分解成不同层次的指标因素,这些层次的关系是自上而下的,层次的结构有序递阶。同一层次的任何两个指标因素间不存在从属或支配关系,彼此是相互独立的,而网络分析法构建的层次结构更为复杂,具有较高的应用灵活性。网络分析法可以对指标元素间的相互依存关系进行考量,这种元素间的依存关系可以定义为层次结构的内部依存性,而元素集间的相互依存关系为外部依存性。相比于一般层次分析法,网络分析法更侧重于分析指标、元素集和元素之间的相互依存关系。因此,网络分析法更符合实际决策问题的情况。

在网络分析法的应用过程中,首先将决策系统中的元素分成两类:一类元素属于控制层元素,另一类元素属于网络层元素。在至少有一个决策目标的前提下,控制层可以包含决策目标所需的各种准则指标,也可以不包含决策准则。控制层中的决策指标是相互独立的,且只受到目标元素的支配。网络层由受控制层支配的元素组所构成,而其中的元素组则是由相应的元素构成。元素之间、元素组之间保持相互支配的关系。因此,由控制层和网络层组成的递阶层次结构是有反馈、依存关系的复杂网络结构。图 2.6 展示了网络分析法的结构模型。

网络分析法的模型结构主要包括两部分:控制层和网络层。网络层内部的层次结构示意图如图 2.7 所示[119],该网络结构的控制层包括若干目标: B_1, B_2, B_3, $\cdots, B_N$。虽然控制层有递阶层结构,但是它们之间并不存在依存和支配关系。控制层中的准则可以支配网络层中有反馈关系的网络结构。另外,控制层中的各个准则是相互独立的,位于层次下方的准则只受层次上方准则的支配。

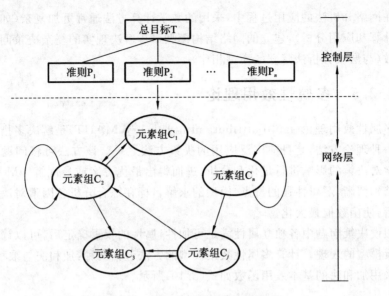

图 2.6 网络分析法的结构模型

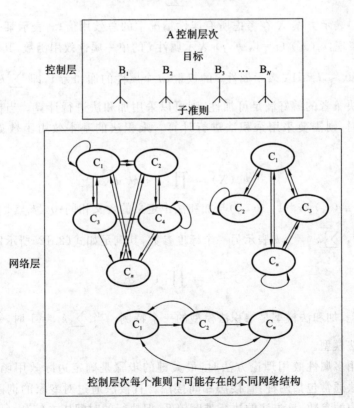

图 2.7 网络层内部的层次结构示意图

在网络分析法的应用过程中,采用的数学计算方法通常更加复杂(如对超级矩阵的计算和应用分析),建立的网络结构模型对于解决现实的复杂决策问题通常更为有效(与层次分析法建立的模型相比)。

2.2.5 多属性效用理论

多属性效用理论(multi-attribute utility theory,MAUT)是解决多指标决策问题的一种理论方法,是目前广泛应用的决策方法之一。该方法可将问题中各个属性要素对决策的影响进行量化和分析,进而得出最优方案或最优解。MAUT 方法具有结构清晰、逻辑性强的特点,模型的求解目标在综合分析各因素对决策目标的影响后,使函数值最大化。

假设决策问题中各独立属性满足可加性,属性的权重确定后,可以计算出多属性决策模型的表现。计算多属性效用模型的方法包括两种:加和法与乘积法。

采用加和法的基本效用函数如式(2.10)所示。

$$u(X) = \sum_{i=1}^{n} k_i u_i(x_i) \tag{2.10}$$

式中,$u(X)$ 表示方案 X 在考虑所有属性情况下的总效用值;x_i 表示某一方案在属性 i 上的表现,$u_i(x_i)$ $(i=1,\cdots,j)$ 表示属性 i 的单一属性效用函数,其取值在 0 到 1 之间;$k_i(0 \leqslant k_i \leqslant 1)$ 表示属性 i 的权重,n 个属性的加和为 1,即 $\sum_{i=1}^{n} k_i = 1$。

如果决策者的偏好满足可加性,则可以采用加和法进行计算。当模型不能满足可加性时,则需要采用乘积法进行计算。乘积法的基本效用函数如式(2.11)所示。

$$1 + ku(X) = \prod_{i=1}^{n} [1 + kk_i u_i(x_i)] \tag{2.11}$$

式中,x_i 和 $u_i(x_i)$ $(i=1,\cdots,j)$ 与加和法中定义的含义相同;$0 \leqslant k_i \leqslant 1$ 是属性 i 的权重;同时,$\sum_{i=1}^{n} k_i \neq 1$,$k$ 表示另一个标度参数,其满足如式(2.12)所示定义。

$$1 + k = \prod_{i=1}^{n} [1 + kk_i] \tag{2.12}$$

实际上,加和法模型是乘积法模型的一个特例。当 $\sum_{i=1}^{n} k_i = 1$ 时,乘积法模型即为加和法模型。

在应用多属性效用理论方法时,最关键的步骤是确定边际效用函数 $u_i(x_i)$。其确定方法通常包括两种:直接法和间接法。直接法通过对专家的询问来确定所构建模型中的参数,该方法的执行难度较低,但执行的时间成本较高。间接法是专家对每一个方案独立的效用函数进行评估,专家不需要进行交互参与。

多属性效用理论方法一般按照如下步骤进行：①计算每一个方案中所有属性下的总效用值 $u(X)$。②根据上一步计算出的总效用值，对方案的优劣进行排序并确定最优方案。

在多属性效用理论中，效用值可以通过函数关系转换为无量纲效用值，因此，各属性要素对问题的影响可以得到量化。该方法适用于决策问题中包含较多种类的属性要素和影响因素的情况。各属性要素包括定量因素和定性因素，定量因素是指因素的影响可在量化后以具体数值的形式呈现的因素，不同定量因素的度量单位可以不统一；定性因素是指因素的影响难以计算或难以以具体数值形式呈现的因素。因为定性因素彼此之间难以直接进行度量和比较，因素和决策目标之间的关系也无法确定，所以在进行决策时，需要对影响因素进行筛选和组合，再进一步对数值进行标准化处理。

在某些决策问题中，决策目标之间存在矛盾互斥关系，影响决策的因素具有多样化的特点（包含定量因素和定性因素）。对于这类多属性决策问题，可以通过多属性效用理论进行求解。

2.3　多目标优化决策研究的理论基础

2.3.1　多目标优化问题

在现实生活中，优化问题普遍存在于各个领域，如工程建设、机械制作、土地利用、城市规划等。在实际的优化问题当中，在满足约束条件的基础上通常会存在多个优化目标，这些目标之间相互制约、相互影响。因此，在问题的决策过程中，决策者需要考虑如何同时优化多个目标，这类优化问题被称为多目标优化（multiple-objective optimization，MOO）。求解这类优化问题的难点在于需要优化的目标不是单独存在的，且目标的量纲和物理意义彼此不同。在实际的工程项目施工过程中，就存在多种独立的优化目标，这些优化目标可能是相互冲突、相互矛盾的，比如工期的最小化、成本的最小化和安全性的最大化这三个工程优化目标便是相互冲突的。在这种情况下，所得到的优化解决方案通常不能同时使所有的项目目标达到最优。因此，项目管理者通常需要先对多个优化目标进行权衡（trade-offs）分析，再利用该方法提出一个或一系列最优/近似最优解决方案，来实现所有目标的整体优化。

2.3.2　多目标优化理论基础

多目标优化问题的目标函数一般多于 1 个，而工程优化问题中则通常有 2 个以上的优化目标。此外,多目标优化问题一般含有 1 个或多个约束条件,包括不等于(inequality)条件,等于(equality)条件,和/或变量的边界条件。在实际的工程问题中,约束条件一般也会多于 1 个。

多目标优化问题的数学模型的一般描述如式(2.13)~式(2.16)所示:

$$\text{Minimize/Maximize} f_m(x), \qquad m=1, 2, \cdots, M \qquad (2.13)$$

$$\text{Subject to } g_j(x) \leqslant 0, \qquad j=1, 2, \cdots, J \qquad (2.14)$$

$$h_k(x)=0, \qquad k=1, 2, \cdots, K \qquad (2.15)$$

$$x_i^{(L)} \leqslant x_i \leqslant x_i^{(U)}, \qquad i=1, 2, \cdots, n \qquad (2.16)$$

式中,x 表示决策变量,式(2.13)表示 M 个优化目标;式(2.14)表示不等式约束;式(2.15)表示等式约束;式(2.16)表示决策变量的范围。

与多目标优化算法相关的定义如下。

(1) 决策变量空间和目标空间。

优化问题中定义了变量的变化范围,使得每一个决策变量的变化值限制在最大值和最小值之间,这个变化范围定义的空间称为决策变量空间。在多目标优化问题中,目标函数值组成了一个多维空间,称为目标空间。决策变量空间中的每一个决策变量都对应目标空间中的一个点。

(2) 可行解和非可行解。

可行解是指满足了所有约束条件(包括不等式约束和等式约束)和变量范围的解。反之,不能满足所有的约束条件或变量范围的解,则称为非可行解。

(3) 理想目标向量。

多目标优化问题中,存在 M 个相互冲突的目标,如果某一决策向量 $x^{*(i)}$ 可以使 i 个目标最优化(最小化或最大化),则可以表示为:

$$\exists x^{*(i)} \in \Omega, x^{*(i)} = [x_1^{*(i)}, x_2^{*(i)}, \cdots, x_M^{*(i)}]^T : f_i(x^{*(i)}) = \text{OPT} f_i(x) \qquad (2.17)$$

那么,向量 z^* 则可定义为:

$$z^* = f^* = [f_1^*, f_2^*, \cdots, f_M^*]^T \qquad (2.18)$$

式中,f_M^* 表示第 M 个目标函数的最优值。此时,这个取得最优值的点所对应的向量也称为理想目标向量。因为在一个多目标优化的问题中,每一个目标的理想解一般都不会是同一个解,所以理想目标向量通常是一个不存在的解。

(4) 线性和非线性多目标优化。

如果所有的目标函数和约束条件均为线性,那么该问题是线性多目标优化问题。反之,如果一个或多个目标函数和/或约束条件为非线性,那么该问题是非线性多目标优化问题[120]。

(5) 凸和非凸多目标优化。

当所有目标函数和可行域都为凸,那么这个问题就是凸问题。因此,多目标线性优化问题一般是凸问题[120]。在多目标优化问题当中,凸性研究是一个很重要的问题,因为在非凸问题当中,从基于偏好的方法获得的方案通常不能覆盖权衡曲线中的非凸部分。而且,目前的算法大部分只能用于解决凸问题,凸性可以在目标空间和决策变量空间双重空间中进行定义。如果一个问题中的决策变量空间是非凸的,则该问题的目标空间也可能是凸空间。

(6) 支配关系(支配和非支配)。

在现实应用中,大多数问题都有多个相互冲突的目标。其中某一个优化目标的最优解一般不会使其他目标同时达到最优。对于 MOO 问题中的目标 M,当两个解 i 和 j 之间用符号 ◁ 连接时,即 $i \lhd j$,代表解 i 在某一特定目标上优于解 j。类似的,$i \rhd j$ 表示在这一目标上解 j 优于解 i。如果将多目标优化问题等同于最小化问题,则运算符 ◁ 表示 <,反之亦然。在这种情况下,多目标优化问题一般可定义为如下。

一个可行解 $x^{(1)}$ 支配(dominate)另一个可行解 $x^{(2)}$(在数学上叫作 $x^{(1)} \leqslant x^{(2)}$),如果当且仅当:

① 解 $x^{(1)}$ 的所有目标值都不比 $x^{(2)}$ 差,或者表示成 $f_j(x^{(1)}) \leqslant f_j(x^{(2)})$,其中 j =1,2,$\cdots$,M。

② 解 $x^{(1)}$ 至少存在一个目标值严格优于 $x^{(1)}$,或者表示成 $f_j(x^{(1)}) < f_j(x^{(2)})$,至少存在一个 $j \in \{1,2,\cdots,M\}$。

那么,$x^{(1)}$ 支配 $x^{(2)}$,$x^{(1)}$ 相对于 $x^{(2)}$ 是非支配的(non-dominated),$x^{(2)}$ 被 $x^{(1)}$ 支配。

(7) Pareto 最优解集合(非支配集)。

如果在决策变量空间中,某一解不被其他任何一个解支配,那么这个解就是 Pareto 最优解,Pareto 最优解可以被认为是所有目标整体上的最优解。这个解可以理解为:其他所有的解都不能在不使其他目标变差的情况下,改善某一个目标。所有不被其他任何解支配的可行解的集合,被称为 Pareto 最优集或非支配集。当非支配集在整个可行解的搜索空间内时,它被称为全局 Pareto 最优解。对于一个给定的多目标优化问题,Pareto 最优解 P^* 被定义为:

$$P^* = \{x \in \Omega \mid \neg \exists x' \in \Omega \ F(x') \leqslant F(x)\} \qquad (2.19)$$

在优化问题中,寻找非支配解集的方法有多种。在多目标优化算法中,大多数研究通过人为定义相关参数来降低问题的复杂性,并将多目标优化问题转化成单目标优化问题。Deb 将多目标优化方法分成如下两类[121]。

① 无偏好的多目标优化。该方法是指从一系列解形成的权衡曲线(trade-off curve)中,根据问题的较高层次的信息,选择出需要的解。

② 基于偏好的多目标优化。该方法是指通过偏好向量将多目标优化问题转化成单目标优化问题,通过单目标优化问题求得问题的最优解。具体方法包括后偏好方法(posterior methods)和前偏好方法(priori methods)。后偏好方法是指对一

系列的解进行搜索后,通过偏好信息进行决策。其求解方法主要有多目标优化遗传算法、向量评价遗传算法和非劣排序遗传算法等。前偏好算法是指在进行决策前,先通过偏好信息进行搜索的方法,该算法的优点是容易操作,求解方法相对简单。但由于需要决策者预先进行偏好决策,且偏好主要受个人经验的影响,结果的客观性通常难以保证。该问题的求解方法主要有 ε 约束法、最大最小值法、目标加权法和距离函数法等。

理想的多目标优化过程如图 2.8 所示。

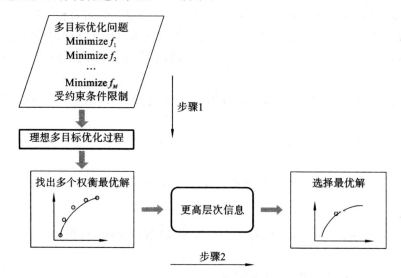

图 2.8 理想的多目标优化过程

在使用传统方法解决多目标优化问题时,通常需要重复应用某一种算法得出最优解;而在理想的多目标优化问题求解过程中,可以将所有目标的重要性视为相同,并对所有目标进行权衡分析后再确定相应的最优解集。用户可以通过更高层次的定性比较来完成最终决策,并应遵循如下步骤[121]。

步骤 1(图 2.8 中垂直向下的步骤):对优化目标进行搜索,权衡分析后得到多个最优解。

步骤 2(图 2.8 中水平向右的步骤):通过更高层次的信息,对上一步骤得到的多个最优解进行比较和决策,最终得到一个最优解。

在理想的多目标优化过程中,步骤 1 可以得到该优化问题经过权衡分析的多个最优解,步骤 2 通过更高层次的信息,可以从步骤 1 确定的多个最优解中选择出一个解。所以单目标优化实际是多目标优化的简化情况。在单目标优化中,如果只有一个全局最优解,通过步骤 1 就可以得到唯一解,而不需要继续执行步骤 2。在有多个全局最优解的单目标优化问题中,则需要执行上述两个步骤才能得到最终的最优解。

2.4　本章小结

本章介绍了本书研究所涉及的几个重要的基础理论,阐述了工程项目工作空间理论、多属性决策理论和多目标优化决策理论,及这些理论中包含的不同方法和模型。本章通过分析不同理论和方法以及模型各自的特点,得出以下结论。

(1) 由于建设工程项目现场临时设施具有移动成本高、占用空间大等特点,临时设施的空间优化在项目管理中具有非常重要的意义,其优化内容可以从两个层面进行研究:①宏观层面空间优化,即对项目现场临时设施的布局方案和空间使用方案进行优化;②微观层面空间优化,即优化脚手架、升降机、移动式脚手架等临时设施平台高度及设施空间位置。其中,项目现场临时设施的宏观空间布局优化是第3章的主要研究内容,临时设施平台所支持工序的工作空间需求是第4章的主要研究内容,脚手架等临时设施平台的高度优化是第5章的主要研究内容。

(2) 建设工程项目的空间优化是包含多指标优化、多属性决策的复杂问题。对于多指标优化理论,本章具体介绍了加权求和法、层次分析法、网络分析法和与多属性效用理论相关的分析方法和计算模型。在上述方法中,层次分析法、网络分析法是第3章工程项目现场临时设施空间布局和优化的理论基础,加权求和法、多属性效用理论是第5章临时设施脚手架空间优化研究的理论基础。

(3) 多目标优化理论能够解决相互矛盾的多个目标之间的优化问题。该理论是第5章研究的基础理论。

3 工程项目现场临时设施空间布局优化及评价研究

本章论述了建设工程项目临时设施空间布局和优化管理的方法,分析了影响项目现场空间布局的主要因素,建立了详细的工程项目临时设施空间布局优化的指标体系。本章以某建设工程项目现场布局规划为例,分析了各个一级和二级指标的相对重要性,确定了指标的权重,并对指标权重变化对结果的稳定性影响进行了敏感性分析,为项目管理人员和决策者提供了空间布局问题的参考方案和指导决策。

3.1 建设项目临时设施空间布局

在工程项目建设过程中,项目现场的空间布局和优化对于实现建设目标具有重要的作用,现场的空间布局将决定施工人员是否具有舒适的工作环境和足够的工作空间[109]。为了有效提高项目的施工劳动效率、安全性以及项目质量,并控制项目成本,项目管理人员需要对现场临时设施的布局进行合理规划。

施工项目的布局问题通常包括拟建临时设施数量和大小的识别,以及不同设施之间空间约束条件的识别。影响临时设施空间安排和布局规划的因素主要包括项目的安全性、施工劳动效率和项目成本等。有效的项目空间优化和设施布局规划可以降低施工现场发生事故的概率。在空间布局中,管理人员需要考虑施工现场的布局问题,如拓扑布局、大型临时设施(如塔式起重机、汽车起重机等)的空间布局,多样化的规划方案可能导致整体空间布局出现冲突,进而导致事故发生。所以现场布局规划的重要目标之一是保证施工现场的安全性。

在施工现场,工序的执行和设备的操作是在临时设施的辅助下完成的,工序的顺利执行与临时设施布局有密切的关系。例如,混凝土的浇筑需要浇筑泵车的辅助,建筑材料的运输需要汽车起重机的辅助,高处的工序执行需要脚手架等临时设施的辅助。相关工序的施工人员的劳动效率将影响项目整体的进度和工期,因此,项目现场的临时设施空间规划需要考虑施工人员劳动效率的影响。

此外,项目成本也是影响现场临时设施规划的重要因素。现场搭建的大型临时建筑物和设施,如项目办公室、塔式起重机等,在项目的施工过程中的移动成本较高,临时设施的空间位置一旦确定,临时设施之间的交通运输路径也就随之确定。因此,各种临时设施的空间位置对材料和劳动力运输成本的影响也需要在布局规划中进行考量。

对于项目管理人员和计划者,他们需要在项目临时设施布局和空间安排中对多个项目目标进行综合考虑。因此,在这个过程中,项目管理人员需要识别出影响临时设施规划的相关因素,进而对不同的项目临时设施布局方案进行评估并选择出最优方案。

3.2 临时设施空间布局的影响因素

3.2.1 一级影响因素

临时设施空间布局的一级影响因素包括以下几个方面。

1. 安全性因素

对施工现场进行有效、合理的空间规划是降低施工安全风险的重要途径,确保施工人员能在一个安全、有序的施工环境里作业。保证施工现场的安全,不仅限于要求施工人员佩戴安全帽、在高处施工佩戴安全绳等,还需要项目管理人员对项目安全性进行全面的了解和把控,识别并消除项目全寿命周期内可能出现的各种安全风险。

现场环境中的潜在危险会对施工人员安全产生负面影响,并可能危害施工人员健康。因此在空间规划中,应该将可能对人员造成危害的临时设施放置在远离人员居住和生活的区域。同时,还应该考虑"安全区域"的预留,在施工区域周围预留适当的空间作为整个施工现场的"安全区域",保证人员、材料远离施工作业过程中的潜在危险。此外,在满足基本安全性的前提下,还需对施工现场空间规划的安全性等级进行估计和测算。

2. 施工效率因素

施工现场临时设施的合理布局,不仅可以提高施工的安全性,还可以提高材料、资源的运输效率,强化不同设施之间的联系和交互作用,从而提高不同设施之间的运输效率。临时设施之间的距离和空间位置关系对施工效率有相当重要的影响,是影响材料运输路径和运输成本的重要因素。

临时设施中塔式起重机的位置对施工材料的运输路径和运输时间至关重要,将直接影响项目的施工效率和施工进度。脚手架系统、升降机等可以辅助施工人员在高处进行作业,其搭建位置和平台高度将决定施工人员能否完成施工工序,并直接影响相应工序的施工效率。

3. 成本因素

施工现场各种资源(包括人力资源、材料资源和设备资源)的频繁移动会增加项目的成本。因此,对施工现场布局的合理规划可以有效减少各种资源的运输次数,从而有效控制项目成本。相反,若设施布局不合理,项目的人力成本、运输成本、返工成本等均会提高。

项目现场临时设施布局的影响因素如表 3.1 所示。

表 3.1 项目现场临时设施布局的影响因素

一级影响因素	二级影响因素
安全性	设备操作安全性[24,33,122-125]
	危险区域控制[93,109,125-128]
	危险材料控制[126,129-131]
	冲突交叉点数量[33,36,126,132-134]
	工序操作安全性[93,135]
施工效率	空间利用有效性[93,136-138]
	施工人员劳动效率[135,139-141]
	施工进度和工期[142,143]
	临时设施动态控制能力[29,130]
	临时设施邻近空间关系[43,130]
	工作空间冲突[74,75]
成本	临时设施搭建成本[135,144]
	临时设施拆除成本[135,144]
	资源运输成本[30,126,135,136,144]
	资源装卸成本[33,144,145]
	人员活动成本[125]

3.2.2 二级影响因素

(1) 设备操作安全性。

设备操作安全性主要指项目建设过程中现场临时设备操作的安全性,如操作和搭建塔式起重机、汽车起重机、脚手架的安全性。美国职业安全和健康管理局(OSHA)规定承包商需要在施工现场为施工人员提供相应的安全保护措施,以避免高空掉落的材料或其他物品对施工人员造成伤害。尤其是在钢结构安装施工过程中,需要特别注意操作的安全性[24,33,122-125]。

(2) 危险区域控制。

为避免施工现场发生安全事故,在临时设施布局规划时应考虑合理布置安全区,明确危险设施与其他临时设施之间的最小安全距离[93,109,125-128]。

(3) 危险材料控制。

危险材料控制是指建设项目中危险材料的移动和储存管理。在临时设施布局规划中,应该尽量减少危险材料的移动次数,确保对危险材料进行合理的储运[126,129-131]。

(4) 冲突交叉点数量。

临时设施的布局规划会显著影响资源的运输成本,包括人员、材料的运输成本、设备的搬运成本等。经常对资源进行移动会导致不同资源的运输路径发生交叉,并出现空间冲突,引发安全事故和施工事故。因此,施工现场运输路径的冲突交叉点总数应尽量减少,以提高项目的安全性,降低事故发生的风险[33,36,126,132-134]。

(5) 工序操作安全性。

在临时设施的搭建和拆除过程中,各种工序和任务的执行需要临时的工作空间以满足工序操作的需要。因此,特定工序执行过程的安全性等级是评判临时设施空间布局规划水平的重要指标[93,135]。

(6) 空间利用有效性。

施工现场可以划分为不同的空间类型。根据不同空间类型的相对重要性,规划人员可以通过优化施工现场不同工序的工作空间来提高现场的空间利用率[93,136-138]。

(7) 施工人员劳动效率。

一方面,施工现场临时设施内部和周围的空间可以为施工人员提供相应的工序操作空间。另一方面,为了降低工序的返工率,提升临时设施的搭建效率,可以在现场布局规划的决策中将临时设施(如汽车起重机、脚手架等)支持下的施工人员的劳动效率和工序操作的舒适度加以考量[135,139-141]。

（8）施工进度和工期。

临时设施的有效布局规划可以直接为项目管理人员规划出合理的临时设施空间位置，从而实现材料和设备运输路径的最小化，达到缩短项目工期并节约项目成本的目标[142,143]。

（9）临时设施动态控制能力。

施工现场布局会随着项目的推进而产生动态的变化，该特点可能导致施工现场出现空间冲突。因此，为了降低空间冲突的可能性，施工现场临时设施动态控制能力需要进一步提升[29,130]。

（10）临时设施邻近空间关系。

临时设施的邻近空间关系会影响资源的运输成本、人力资源的移动成本和施工人员的劳动效率。为了控制项目的成本并提高整体施工效率，规划人员需要在空间规划过程中对临时设施邻近空间关系进行考量[43,130]。

（11）工作空间冲突。

合理的空间布局可以减少现场各种类型空间之间的冲突，如设备、厂房的施工空间和占地空间与其他设施空间的冲突，以及施工现场外部的空间冲突[74,75]。

（12）临时设施搭建成本。

施工现场各种临时设施的搭建位置对临时设施搭建成本会产生直接的影响[135,144]。若临时设施计划搭建位置的施工条件较好，则临时设施搭建成本也会相应降低。

（13）临时设施拆除成本。

施工现场各种临时设施拆除成本会受到返工、反复搭建以及临时设施的总搭建次数的影响[135,144]。

（14）资源运输成本。

资源运输成本受资源运输路径的影响，而运输路径以及路径之间是否冲突与临时设施布局规划直接相关，其会直接影响资源运输成本[30,126,135,136,144]。

（15）资源装卸成本。

临时设施空间布局规划目标包括减少材料的装卸成本，降低临时建筑和设施内部的资源运输成本[33,144,145]。

（16）人员活动成本。

施工人员的活动路径和移动距离与人员活动成本直接相关，并将直接影响临时设施的布局规划决策[125]。

3.3　基于网络分析法的临时设施布局规划模型

网络分析法(analytic network process，ANP)作为一种综合决策方法，能够综合考虑决策问题中的所有相关因素和指标[146,147]。网络分析法是层次分析法(analytic hierarchy process，AHP)的延伸以及扩展，相比于层次分析法，网络分析法能分析复杂关系的独立指标间的多指标决策问题。在基于 AHP 的决策模型中，决策过程的前提是不同类别的决策目标之间没有联系，同一元素组及不同元素组内的指标不相关。因此，在指标之间有相互依存关系的复杂问题中，层次分析法并不能用以确定每一个指标的权重，而网络分析法则可以为决策者和项目计划者提供通用的模型和方法来解决此类复杂问题。在此类模型中，高层次元素组和低层次元素组内的指标之间可以具有相互依存和反馈的关系[148,149]。

在项目临时设施的布局规划中，规划人员可以通过网络分析法对决策模型中相关因素的相对重要性进行识别。在本研究的布局规划问题中，某些指标难以进行量化和计算，如设备操作及工序操作安全性指标以及临时设施动态管理能力指标等。通常，多指标优化方法并不能解决同时包含可量化指标和非可量化指标的决策优化问题。而在网络分析法中，模型中包含的相关影响因素既可以是可量化指标，也可以是非量化指标。当进行指标之间相对重要性的比较和判断时，决策者可以通过计算随机一致性程度(consistency ratio，CR)来检查判断矩阵的合理性。在实际的决策问题中，通常包含互相冲突的决策指标。此外，通过 CR 检验决策者决策判断的合理性，对解决此类决策问题具有重要的意义。在应用网络分析法时，可以根据相关专家、决策者和计划者的理论知识和经验，对项目临时设施布局规划模型中的指标进行重要性比较，形成合理可行的布局规划方案。

在明确研究目标并了解网络分析法特点的前提下，可以看出网络分析法对于解决空间布局规划问题是科学可行的，可以根据空间布局规划问题建立多指标优化决策模型。在决策过程中，网络分析法可以对相关指标的相对重要性进行排序。

网络分析法的指标权重计算步骤如下[147,150-153]。

(1) 基于网络分析法建立决策结构模型。在此过程中，主要对各个元素组和指标的相互关系进行定义。

(2) 在上一步骤的基础上，由相关专家和决策者进行指标的重要性比较，完成数据的输入过程，并形成判断矩阵。

(3) 进行一致性检验。通过一致性检验确定随机一致性程度(CR)。

(4) 计算得到未加权超矩阵、加权超矩阵、权重矩阵等。

3.3.1 基于网络分析法的决策模型结构

在网络分析法的实际应用过程中,可以将项目临时设施的决策问题转化为决策网络结构,该网络结构可以根据决策问题中影响因素的相互联系和依存关系建立,相关因素间的不同关系都会包含在网络结构中。基于网络分析法的项目临时设施布局规划决策网络结构如图 3.1 所示。

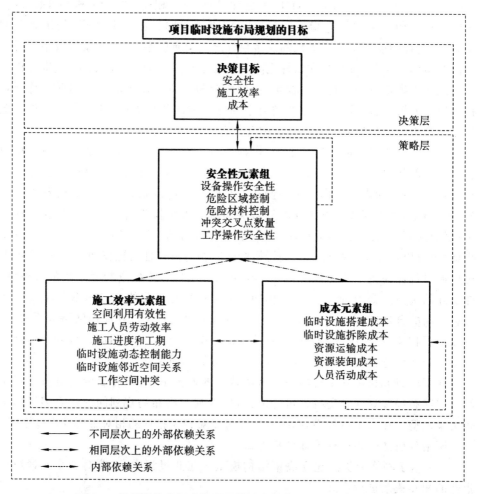

图 3.1 基于网络分析法的项目临时设施布局规划决策网络结构

该决策网络结构包含了元素组、指标及它们之间的关系,不同的元素组和指标之间存在依存关系。在决策层,布局规划目标是与决策问题相关的,其中包括项目的安全性目标、施工效率目标和成本目标。在策略层,二级指标与相应的决策目标相关联,并且与同一决策目标相关联的二级指标组成一个元素组。

在策略层中,元素组包括安全性元素组、施工效率元素组和成本元素组,元素组内部的指标之间会存在反馈关系。此外,不同元素组的指标之间也存在关联和反馈关系。决策网络结构中,箭头的方向可以反映各元素组和指标之间的联系。

3.3.2　指标因素的比较判断

在临时设施布局规划决策的网络结构模型中,决策分析过程需要对元素组和影响因素的相对重要性进行判断和计算。为了得到指标的重要性优势度,需要根据元素组和指标之间的相关性进行重要性比较。

根据 Saaty 建立的 1−9 标度法,具有工程经验的工程师或项目计划者可以对指标相对重要性进行比较判断[154]。在 1−9 标度法中,1 表示两个指标重要性相同,9 表示第 i 个指标(位于矩阵中行的因素)相比第 j 个指标(位于矩阵中列的指标)极端重要[155]。通过考虑与同一指标相关的所有指标相对于该指标的重要性,元素组及指标之间重要性的优势度可以通过它们之间的比较判断进行计算得到。

对于得到的 $n\times n$ 比较矩阵,需要进行比较判断的次数为 $n\times(n-1)/2$。其中 n 是需要进行比较的指标的总数。此外,在两两比较矩阵时,应在元素逆向比较中自动计算出标度的倒数。根据 1−9 标度法得到判断标度值 a_{ij},且满足下式:

$$a_{ij}\times a_{ji}=1 \tag{3.1}$$

通过指标间的两两比较判断,可以得到判断矩阵,该矩阵符合近似一致性的比较判断矩阵。网络结构中元素组和指标的相互关系包括如下几种:①不同层次上的外部依赖关系;②内部依赖关系;③相同层次上的外部依赖关系。

决策目标元素组中各指标间两两比较判断矩阵如表 3.2 所示。该表中目标指标之间的关系为目标指标的外部依赖关系。

表 3.2　决策目标元素组中各指标间两两比较判断矩阵

目标	安全性	施工效率	成本	优势度	CR
安全性	1	2	2	0.4934	
施工效率	1/2	1	1/2	0.1958	0.0516
成本	1/2	2	1	0.3108	

对于相同指标层次上的外部依存关系,例如,施工效率元素组内的指标相对于危险区域控制指标重要性的两两比较判断矩阵如表 3.3 所示。

表 3.3　施工效率元素组内的指标对于危险区域控制指标重要性的两两比较判断矩阵

危险区域控制（CHZ）	指标						优势度	CR
	ESU	LPE	SCD	ACT	FCR	WSC		
空间利用有效性（ESU）	1	3	2	2	3	2	0.3075	
施工人员劳动效率（LPE）	1/3	1	1/2	1/2	1	1/2	0.0918	
施工进度和工期（SCD）	1/2	2	1	2	1/2	1/2	0.1352	
临时设施动态控制能力（ACT）	1/2	2	1/2	1	1/2	1/2	0.1078	0.0663
临时设施邻近空间关系（FCR）	1/3	1	2	2	1	2	0.1882	
工作空间冲突（WSC）	1/2	2	2	2	1/2	1	0.1694	

　　另外，对于内部依存关系，安全性元素组内的指标相对于冲突交叉点数量（TNI）指标的相对重要性比较结果，如表 3.4 所示。

表 3.4　安全性元素组内的指标相对于冲突交叉点数量指标重要性的两两比较判断矩阵

冲突交叉点数量（TNI）	指标				优势度	CR
	PEO	CHZ	CHM	STE		
设备操作安全性（PEO）	1	1	2	2	0.3257	
危险区域控制（CHZ）	1	1	3	2	0.3564	
危险材料控制（CHM）	1/2	1/3	1	1/2	0.1243	0.0172
工序操作安全性（STE）	1/2	1/2	2	1	0.1936	

　　对所有的指标两两比较判断后，可将比较判断的结果输入到网络分析法的计算软件中，进行后续的计算。

3.3.3　一致性判断

　　根据判断矩阵，可以计算出矩阵的特征向量，即相应的局部权重向量。该向量可代表指标的相对权重。局部权重向量可以通过式（3.2）计算得到：

$$Aw = \lambda_{max} \tag{3.2}$$

式中，A 为判断矩阵；w 为权重向量，也称为主特征向量；λ_{max} 为矩阵 A 的最大主特征向量。

　　为了获得比较矩阵的一致性程度，需要先计算出局部特征向量。然后依据一致性指标(consistency index，CI)和随机一致性程度(CR)对矩阵的一致性进行检验。若比较判断缺乏一致性，则说明规划者对决策问题的理解有偏差、这类情况容易导致决策的错误[156,157]。若随机一致性程度小于 0.1，则说明该决策者对重要性判断具备合理性。CI 和 CR 通过式(3.3)进行计算：

$$CR = CI/RI，其中 CI = (\lambda_{max} - n)/(n - 1) \tag{3.3}$$

式中，CR 表示随机一致性程度；CI 表示一致性指标；RI 表示随机指标；n 表示矩阵 $\boldsymbol{A}$ 的规模大小。

从表 3.2～表 3.4 可以看出，表格中计算得到的 CR 值均小于 0.1，说明决策者和相关专家进行的比较判断是符合逻辑的。在获得每一组判断矩阵之后，都需要进行一致性判断检验，计算出随机一致性程度 CR，并判断 CR 值是否小于 0.1。相反，若 CR 不满足逻辑要求，即 CR≥0.1，则说明该组判断中存在矛盾冲突，需要重新进行比较判断。后续的权重计算需要在一致性程度检验通过后才可以进行。

3.3.4　加权超矩阵计算

由前文得到的判断矩阵并不能直接体现出元素组中各指标之间的差异，为了体现出这种差异，可以使用式(3.4)所示的超矩阵进一步计算分析。

通过式(3.4)所示的超矩阵可以得出决策指标体系中不同指标间的相对重要性。W_{12} 表示矩阵中的行指标 C_1 和列指标 C_2 的相对重要性。由于该超矩阵未经过数据标准化处理，其每一列指标总数之和不为 1。该超矩阵被定义为未加权超矩阵，如表 3.5 所示。

$$\boldsymbol{W} = \begin{matrix} & \begin{matrix} C_1 & C_2 & \cdots & C_n \end{matrix} \\ \begin{matrix} C_1 \\ C_2 \\ \vdots \\ C_n \end{matrix} & \begin{bmatrix} W_{11} & W_{12} & \cdots & W_{1n} \\ W_{21} & W_{22} & \cdots & W_{2n} \\ \vdots & \vdots & \vdots & \vdots \\ W_{n1} & W_{n2} & \cdots & W_{nn} \end{bmatrix} \end{matrix} \tag{3.4}$$

为了得到加权超矩阵，需要对比较判断得到的未加权超矩阵进行数据的标准化处理(表 3.5)。标准化的加权超矩阵$\overline{\boldsymbol{W}}$可以通过式(3.4)所示的未加权超矩阵 $\boldsymbol{W}$ 与权重矩阵相乘得到。加权矩阵可以通过图 3.1 中策略层元素组中指标的比较和计算得到。为了保证加权超矩阵达到稳定或得到收敛，需要通过式(3.5)计算加权超矩阵的极限相对有序向量。

$$W_{limit} = \lim_{x \to \infty} (W_{weighted})^x \tag{3.5}$$

实际上，极限加权超矩阵是通过网络分析法进行权重计算过程的最终矩阵结果。通过该矩阵，指标之间的相对重要性以及每个指标的优势度都可以清晰地表示出来。表 3.6 展示了本章案例中计算得到的极限加权超矩阵。

表 3.5 临时设施布局规划决策的未加权超矩阵

指标	PEO	CHZ	CHM	TNI	STE	ESU	LPE	SCD	ACT	FCR	WSC	FSC	FRC	RTC	RHC	WPC
PEO	0.000	0.191	0.239	0.326	0.384	0.185	0.295	0.241	0.209	0.141	0.339	0.000	0.000	0.245	0.540	0.000
CHZ	0.194	0.000	0.350	0.356	0.219	0.245	0.137	0.153	0.228	0.333	0.081	0.000	0.000	0.141	0.000	0.000
CHM	0.124	0.418	0.000	0.124	0.125	0.107	0.090	0.083	0.099	0.127	0.134	0.000	0.000	0.107	0.000	0.000
TNI	0.326	0.121	0.179	0.000	0.273	0.323	0.278	0.336	0.325	0.255	0.269	0.000	0.000	0.323	0.163	1.000
STE	0.356	0.271	0.232	0.194	0.000	0.141	0.200	0.183	0.139	0.145	0.177	0.000	0.000	0.185	0.297	0.000
ESU	0.357	0.308	0.296	0.237	0.236	0.000	0.185	0.098	0.394	0.366	0.200	0.000	0.000	0.349	0.107	0.276
LPE	0.201	0.092	0.110	0.093	0.223	0.144	0.000	0.279	0.094	0.094	0.200	0.750	0.750	0.000	0.323	0.000
SCD	0.175	0.135	0.203	0.062	0.105	0.096	0.323	0.000	0.125	0.168	0.200	0.250	0.250	0.107	0.185	0.138
ACT	0.110	0.108	0.138	0.117	0.132	0.156	0.245	0.186	0.000	0.235	0.200	0.000	0.000	0.158	0.141	0.195
FCR	0.077	0.188	0.117	0.235	0.078	0.367	0.141	0.298	0.187	0.000	0.200	0.000	0.000	0.146	0.000	0.000
WSC	0.081	0.170	0.136	0.256	0.226	0.238	0.107	0.140	0.200	0.137	0.000	0.000	0.000	0.240	0.245	0.391
FSC	0.092	0.208	0.260	0.117	0.285	0.141	0.280	0.254	0.354	0.127	0.217	0.000	0.000	0.000	0.000	0.000
FRC	0.117	0.092	0.238	0.188	0.239	0.107	0.280	0.254	0.224	0.096	0.166	1.000	0.000	0.000	0.000	0.000
RTC	0.257	0.225	0.153	0.189	0.133	0.323	0.143	0.134	0.137	0.280	0.136	0.000	0.000	0.000	0.000	1.000
RHC	0.340	0.321	0.099	0.262	0.237	0.245	0.189	0.103	0.105	0.177	0.377	0.000	0.000	0.000	0.000	0.000
WPC	0.194	0.154	0.250	0.245	0.107	0.185	0.108	0.254	0.180	0.321	0.104	0.000	0.000	1.000	0.000	0.000

表 3.6 临时设施布局规划决策的极限加权超矩阵

指标	PEO	CHZ	CHM	TNI	STE	ESU	LPE	SCD	ACT	FCR	WSC	FSC	FRC	RTC	RHC	WPC
PEO	0.088	0.064	0.043	0.098	0.070	0.058	0.100	0.061	0.041	0.037	0.048	0.047	0.066	0.064	0.053	0.063
CHZ	0.088	0.064	0.043	0.098	0.070	0.058	0.100	0.061	0.041	0.037	0.048	0.047	0.066	0.064	0.053	0.063
CHM	0.088	0.064	0.043	0.098	0.070	0.058	0.100	0.061	0.041	0.037	0.048	0.047	0.066	0.064	0.053	0.063
TNI	0.088	0.064	0.043	0.098	0.070	0.058	0.100	0.061	0.041	0.037	0.048	0.047	0.066	0.064	0.053	0.063
STE	0.088	0.064	0.043	0.098	0.070	0.058	0.100	0.061	0.041	0.037	0.048	0.047	0.066	0.064	0.053	0.063
ESU	0.088	0.064	0.043	0.098	0.070	0.058	0.100	0.061	0.041	0.037	0.048	0.047	0.066	0.064	0.053	0.063
LPE	0.088	0.064	0.043	0.098	0.070	0.058	0.100	0.061	0.041	0.037	0.048	0.047	0.066	0.064	0.053	0.063
SCD	0.088	0.064	0.043	0.098	0.070	0.058	0.100	0.061	0.041	0.037	0.048	0.047	0.066	0.064	0.053	0.063
ACT	0.088	0.064	0.043	0.098	0.070	0.058	0.100	0.061	0.041	0.037	0.048	0.047	0.066	0.064	0.053	0.063
FCR	0.088	0.064	0.043	0.098	0.070	0.058	0.100	0.061	0.041	0.037	0.048	0.047	0.066	0.064	0.053	0.063
WSC	0.088	0.064	0.043	0.098	0.070	0.058	0.100	0.061	0.041	0.037	0.048	0.047	0.066	0.064	0.053	0.063
FSC	0.088	0.064	0.043	0.098	0.070	0.058	0.100	0.061	0.041	0.037	0.048	0.047	0.066	0.064	0.053	0.063
FRC	0.088	0.064	0.043	0.098	0.070	0.058	0.100	0.061	0.041	0.037	0.048	0.047	0.066	0.064	0.053	0.063
RTC	0.088	0.064	0.043	0.098	0.070	0.058	0.100	0.061	0.041	0.037	0.048	0.047	0.366	0.064	0.053	0.063
RHC	0.088	0.064	0.043	0.098	0.070	0.058	0.100	0.061	0.041	0.037	0.048	0.047	0.066	0.064	0.053	0.063
WPC	0.088	0.064	0.043	0.098	0.070	0.058	0.100	0.061	0.041	0.037	0.048	0.047	0.066	0.064	0.053	0.063

通过表 3.6 所示的临时设施布局规划决策的极限超矩阵可以推断出,所有二级指标中相对最重要的指标是施工人员劳动效率(LPE),其指标权重为 0.100。而相对最不重要的指标则是临时设施邻近空间关系(FCR),其指标权重为 0.037。相对最重要的指标与相对最不重要的指标权重值相差约为 0.063。

由于不同的备选方案的最终优劣排序会受到权重变化的影响。因此,本章还进一步提出对布局规划方案排序的稳定性进行敏感性分析和评价的方法。

3.3.5 不同指标的敏感性分析

通过指标的敏感性分析,可以确定对权重变化最敏感的指标。该分析可以帮助决策者识别出最优方案和最劣方案。在本章中,提出了基于单次单因子法(one factor at a time,OAT)的敏感性分析法,进行了指标权重变化对方案排序稳定性影响的敏感性分析。

指标敏感性分析常见的三种分析方式:变化指标的表现值、变化指标的相对重要性以及只变化指标权重[158]。在本章中,采用只变化指标权重的方法研究,重点关注指标权重变动对方案排序结果的影响。使用该方法需要考虑如下几个方面的因素:①观察指标权重在特定范围内变化时输出结果的稳定性;②识别出对指标权重变化最为敏感的指标;③对指标排序的变化进行量化分析;④对分析结果进行仿真可视化分析。本章将重点关注指标权重变化时分析结果的稳定性。

OAT 法可以识别出模型中所有指标对结果排序的影响[159],能够分析出指标的权重变化对结果的影响[160]。在这个过程中,由于其他指标的权重变化相对于基准值较小,因此不同权重组合下所得到的不同决策结果具有可比性。

通常,基于 OAT 的敏感性分析分为以下四个步骤[158]。

(1)百分比变化的范围定义。变化范围定义为由指标基准权重值变化而来的一系列离散百分比变化值,该变化范围在所定义的百分比变化范围之内。

(2)百分比变化增量定义。本章创建的分析模块按照百分比变化增量使每一个指标权重发生相应变化,并建立一系列不同指标组合下的仿真模拟试验。

(3)权重计算。当主变化指标 c_m 变化时,指标权重可以通过式(3.6)进行计算。

$$W(c_m,\mathrm{pc}) = W(c_m,0) + W(c_m,0) \times \mathrm{pc}, 1 \leqslant m \leqslant n \qquad (3.6)$$

式中,c_m 表示主变化指标;$W(c_m,0)$ 表示主变化指标 c_m 在基准模拟仿真时的权重;pc 表示变化的百分比;n 表示指标的总数量。

(4)其他权重的相应调整。为了满足所有指标权重之和为 1 的要求,除主变化指标外的其他指标也需要进行权重的相应调整。其他指标的权重 $W(c_i,p)$ 可依照 $W(c_m,\mathrm{pc})$ 进行计算和调整,如式(3.7)所示。

$$W(c_i, \text{pc}) = [1 - W(c_m, \text{pc})] \times W(c_i, 0)/[1 - W(c_m, 0)], i \neq m, 1 \leqslant i \leqslant n$$

$$(3.7)$$

式中，$W(c_m, \text{pc})$ 表示主变化指标 c_m 变化特定百分比后的权重；$W(c_i, 0)$ 表示第 i 个指标在基准模拟仿真时的权重；$W(c_m, 0)$ 表示主变化指标 c_m 在基准模拟仿真时的权重。

通过上述的敏感性分析过程，主变化指标的权重可以在所定义的百分比变化的范围内以百分比变化增量为变化单位逐渐发生变化。在主变化指标从第一个指标（设备操作安全性指标）变化为第 n 个指标（人员活动成本指标）后，可以对仿真模拟得到的敏感性分析结果进行对比分析并进行总结。

3.4　案　例　分　析

3.4.1　案例分析结果及指标的敏感性分析

为验证本章提出的方法在解决临时设施布局规划问题中的可行性和有效性，本章节选取了一个建设项目空间规划决策问题作为应用案例。在该决策过程中需要输入的信息主要包括：①选定的专家对指标进行相对重要性判断；②对备选方案的相应指标表现进行实际评估。

本节所选取的案例是一个多层民用建筑施工项目。该项目的建设需要多种临时设施的辅助和支持。这些临时设施主要包括仓储设施、临时车间、塔式起重机、临时停车场、项目办公室、设备储存设施和材料储存设施等。在本案例中，有三个备选布局规划方案供项目管理人员和决策者进行选择，图 3.2 表示每一个方案的临时设施摆放位置和空间布局关系，其中标有数字的矩形代表不同的临时设施。

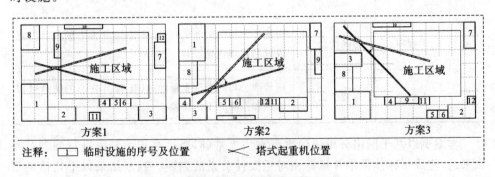

图 3.2　现场临时设施布局规划备选方案

　　塔式起重机作为施工现场重要的临时设施之一,其摆放的位置将直接影响相关工序的操作和施工效率。在方案 1 中,塔式起重机位于建筑施工区域的西侧;在方案 2 中,塔式起重机位于施工区域的西南侧;在方案 3 中,塔式起重机位于施工区域的西北侧;由于塔式起重机摆放的位置不同,三个方案中塔式起重机吊钩与所运输的材料供需点的相对位置也会有所不同。这使得塔式起重机运输材料的路径和运输成本发生相应变化。此外,需要塔式起重机辅助支持的各种工序也有不同的特点。因此,根据不同方案中不同工序的施工特点,可以确定与塔式起重机相关的人力成本。

　　施工现场除塔式起重机外,仍有 12 个临时设施需要进行空间位置规划。因此,从多个布局规划方案中选出最优方案是一个复杂的多指标决策过程。

　　在本案例中,决策网络结构体系中不同指标的相对重要性由 8 位专家进行比较和判断,所有专家都具有丰富的工程理论知识和实践经验,如表 3.7 所示。

表 3.7　8 位专家的工作经验和背景

专家	职业/职务	公司/单位	工作经验和背景
1	项目经理	承包商	工程项目承包商公司的项目经理,具有 10 年左右工程建设和设施管理的工作经验
2	项目经理	承包商	分包商的项目经理,具有 10 年左右的设备管理工作经验
3	工程师	承包商	建筑行业承包商项目经理,具有 15 年左右工程造价和施工经验
4	工程师	承包商	分包商项目调度工程师,具有 15 年左右的工程项目管理经验
5	教授	高校	大学教授,具有 30 年左右的工程类课程教学经验和工程项目管理方面的经验
6	教授	高校	大学教授,具有 15 年左右的工民建教学和工作经验
7	工程师	房地产公司	房地产公司的助理工程师,具有 10 年左右的项目设施设计和管理优化经验
8	工程师	房地产公司	房地产公司的助理工程师,具有 12 年左右的项目过程管理和控制的工作经验

　　本案例以基于网络分析法的决策方法为基础,通过对相关专家进行问卷调查和采访,完成指标体系中各指标相对重要性关系的判断。判断结果以平均值的形式输入超级决策软件的分析模型中,决策软件通过所输入的判断矩阵可以计算分析得到相应的指标权重,进而获得未加权超矩阵和极限加权超矩阵[161],决策及分

析结果如表 3.5 和表 3.6 所示。在极限加权超矩阵的计算完成后，将优势度数据从矩阵中提取出来，获得每一个指标的权重，进而可以直观地展示出一级指标及二级指标的权重和重要性。

通过分析模型和软件的进一步计算，可以获得决策结构中所有二级指标的权重结果。图 3.3 以雷达图的形式展示了指标的权重结果。所有二级指标的权重反映了现场布局规划中各指标的相对重要性。指标权重值越大，说明该指标越重要。这些权重数据可以在决策过程中发挥重要的指导作用。

如图 3.3 所示，施工人员劳动效率（LPE）指标以及冲突交叉点数量（TNI）指标是策略层所有二级指标中最为重要的两个指标。这两个指标的权重分别为 0.1000 和 0.0976。该计算结果说明施工人员劳动效率以及施工现场出现的冲突交叉点数量是项目决策者认知中最重要的影响因素。临时设施邻近空间关系（FCR）指标和临时设施动态控制能力（ACT）指标是所有二级指标中重要性最低的两个指标。它们的指标权重分别为 0.0369 和 0.0407。由此可见，这两个指标相对于其他指标而言是相对次要的影响因素。

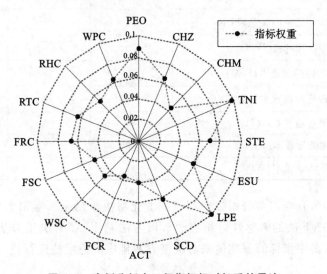

图 3.3 案例分析中二级指标相对权重的雷达

因此，根据本章提出的分析方法，项目布局规划人员和决策者可以通过计算确定不同指标的权重值，进而对各个方案进行进一步的评价和筛选。

为了完成案例中各个方案的优劣排序，各个指标在每个方案中的相应表现可以通过 0%～100% 范围内的百分比数值来进行量化和评价。比如，某一指标的表现评估值为 0%，说明项目管理人员对方案中这一指标的实际表现完全无法接受；如果某个指标的表现评估值为 100%，则表示项目管理人员对方案中这一指标的实际表现完全满意。在本案例中，各方案不同指标的表现值如表 3.8 所示。

表 3.8　各方案不同指标的表现值

相关指标	各方案不同指标的相应表现值/(%)		
	A1	A2	A3
设备操作安全性(PEO)	75	50	60
危险区域控制(CHZ)	80	90	40
危险材料控制(CHM)	68	70	65
冲突交叉点数量(TNI)	40	40	70
工序操作安全性(STE)	75	60	78
空间利用有效性(ESU)	60	40	48
施工人员劳动效率(LPE)	48	70	75
施工进度和工期(SCD)	70	80	80
临时设施动态控制能力(ACT)	72	50	56
临时设施邻近空间关系(FCR)	83	85	40
工作空间冲突(WSC)	50	70	60
临时设施搭建成本(FSC)	74	40	80
临时设施拆除成本(FRC)	65	50	38
资源运输成本(RTC)	65	65	66
资源装卸成本(RHC)	82	82	88
人员活动成本(WPC)	45	70	50

　　为了确定所有空间布局指标中权重的变化对决策结果影响最大的指标,本章提出了基于 OAT 法的敏感性分析方法。该方法利用 ANP 决策方法获得的指标权重以及各方案中指标的表现值来对决策方案排序的稳定性进行进一步的分析和计算。

　　在敏感性分析中,首先需要设定指标权重的百分比变化范围和百分比变化增量。为展示该分析方法的应用过程,本案例中设指标权重的百分比变化范围为 ±40%,百分比变化增量为 −2%～2% 来进行决策分析模拟。但在实际的决策过程中,这两个数据可以根据决策者的偏好和实际情况而更改。本案例所创建的敏感性分析模块中,包含 640 次仿真模拟试验,每一次试验均会生成对所有方案的评价结果。例如,以冲突交叉点数量(TNI)指标作为主变化指标时,可以输出仿真模块生成的 41 个仿真模拟结果、每个方案的整体评价值及最优方案,如表 3.9 所示。

表 3.9　TNI 指标变化时的仿真模拟结果及最优方案的选择

TNI 指标变化/(%)	方案综合表现			最优方案
	1	2	3	
−40	60.77	63.07	60.79	2
−38	60.72	63.02	60.81	2
−36	60.68	62.98	60.83	2
−34	60.64	62.93	60.85	2
−32	60.59	62.88	60.87	2
−30	60.55	62.83	60.89	2
−28	60.51	62.78	60.91	2
−26	60.47	62.74	60.93	2
−24	60.42	62.69	60.94	2
−22	60.38	62.64	60.96	2
−20	60.34	62.59	60.98	2
−18	60.29	62.55	61.00	2
−16	60.25	62.50	61.02	2
−14	60.21	62.45	61.04	2
−12	60.16	62.40	61.06	2
−10	60.12	62.35	61.08	2
−8	60.08	62.31	61.10	2
−6	60.04	62.26	61.12	2
−4	59.99	62.21	61.14	2
−2	59.95	62.16	61.15	2
0	59.91	62.12	61.17	2
2	59.86	62.07	61.19	2
4	59.82	62.02	61.21	2
6	59.78	61.97	61.23	2
8	59.73	61.92	61.25	2
10	59.69	61.88	61.27	2
12	59.65	61.83	61.29	2

TNI 指标变化/(%)	方案综合表现			最优方案
	1	2	3	
14	59.60	61.78	61.31	2
16	59.56	61.73	61.33	2
18	59.52	61.68	61.35	2
20	59.48	61.64	61.36	2
22	59.43	61.59	61.38	2
24	59.39	61.54	61.40	2
26	59.35	61.49	61.42	2
28	59.30	61.45	61.44	2
30	59.26	61.40	61.46	3
32	59.22	61.35	61.48	3
34	59.17	61.30	61.50	3
36	59.13	61.25	61.52	3
38	59.09	61.21	61.54	3
40	59.04	61.16	61.56	3

　　从表 3.9 可以看出,TNI 指标作为主变化指标,其指标权重在百分比变化范围内波动时,其他权重指标也会随之发生小幅变化。此时,所有权重组合情况下,最优方案是方案 2 或方案 3。鉴于方案 2 作为最优方案出现的次数最高,该方案成为最优方案的可能性也相对更大。而方案 1 在 TNI 指标变化下都不是最优方案。

　　在该案例中,一共有 16 组主变化指标的仿真试验结果,其中也包括上述 TNI 指标作为主变化指标时的仿真试验结果。在这 16 组试验结果中,有 10 组的试验结果相近(即三个备选方案在每组仿真试验中表现的变化趋势相似,且在每次仿真试验中生成的最优方案均相同),如图 3.4(a)所示,设备操作安全性(PEO)指标的试验结果可以代表另外 9 种指标的试验结果。而其他 5 种情况下,指标变化具有各自的特征。因此,可以将这 5 种试验结果和 PEO 指标变化试验结果作为 6 种典型情况进行敏感性分析,如图 3.4 所示。

　　在这 6 种典型情况中,主变化指标分别为设备操作安全性(PEO)指标、危险区域控制(CHZ)指标、危险材料控制(CHM)指标、冲突交叉点数量(TNI)指标、空间利用有效性(ESU)指标和临时设施拆除成本(FRC)指标。根据图 3.4 可以推断出以下结论。

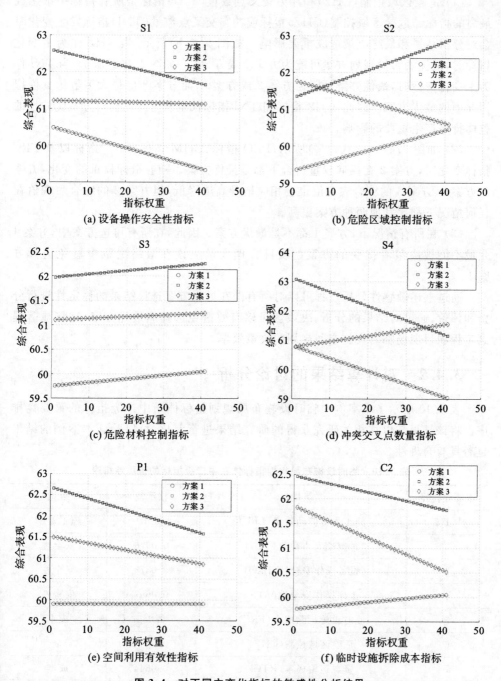

图 3.4 对不同主变化指标的敏感性分析结果

（1）危险区域控制（CHZ）和冲突交叉点数量（TNI）指标是所有指标中敏感性最高的指标。危险区域控制（CHZ）指标或冲突交叉点数量（TNI）指标发生变化时会对分析结果和最终决策造成重要影响。如图 3.4（b）所示，当 CHZ 作为主变化指标时，最优的布局规划方案可能为方案 3 或方案 2。如图 3.4（d）所示，当 TNI 作为主变化指标时，最优方案可能为方案 2 或方案 3，而方案 2 也是大多数仿真模拟情况中的最优方案。因此，CHZ 指标和 TNI 指标权重发生变化会对方案优先性的整体排序产生重要的影响。

（2）如图 3.4（a）（c）（e）（f）所示，PEO 指标、CHM 指标、ESU 指标以及 FRC 指标变化时，方案 2 在任何权重组合下都是最优方案。随着指标权重的变化，方案 1、方案 2、方案 3 的综合表现值也会相应地升高或降低，但方案 2 的综合表现值在任何情况下都比其他两种方案更高。

（3）在所有情况下，方案 1 都不是最优方案。因此，在所有可选方案中，方案 1 是最不能被决策者接受的方案。项目管理人员应该在最终决策中避免选择方案 1。

通过上述敏感性分析过程可以对所有潜在最优方案选择结果的稳定性进行分析和评价，通过对结果的分析，决策者可以有效避免选择非最优方案，这将显著提高工程项目现场临时设施空间规划的决策效率。

3.4.2　对计算结果的讨论分析

表 3.10 展示了本案例中临时设施布局规划指标体系中二级指标的重要性排序。将该结果与以往相关研究获得的研究结果进行对比，可以验证本案例的结果是否具有合理性。

表 3.10　临时设施布局规划指标体系中二级指标的重要性排序

重要性排序	二级指标	权重值	一级指标
1	施工人员劳动效率（LPE）	0.1	施工效率
2	冲突交叉点数量（TNI）	0.0976	安全性
3	设备操作安全性（PEO）	0.0878	安全性
4	工序操作安全性（STE）	0.0697	安全性
5	临时设施拆除成本（FRC）	0.066	成本
6	危险区域控制（CHZ）	0.0644	安全性
7	资源运输成本（RTC）	0.0644	成本
8	人员活动成本（WPC）	0.0633	成本
9	施工进度和工期（SCD）	0.0611	施工效率

续表

重要性排序	二级指标	权重值	一级指标
10	空间利用有效性（ESU）	0.0576	施工效率
11	资源装卸成本（RHC）	0.0528	成本
12	工作空间冲突（WSC）	0.0479	施工效率
13	临时设施搭建成本（FSC）	0.0469	成本
14	危险材料控制（CHM）	0.0431	安全性
15	临时设施动态控制能力（ACT）	0.0407	施工效率
16	临时设施邻近空间关系（FCR）	0.0369	施工效率

如表 3.10 所示，冲突交叉点数量（TNI）指标、设备操作安全性（PEO）指标和工序操作安全性（STE）指标在所有二级指标中分别为第二、第三和第四重要指标。三个指标所隶属的一级指标均为安全性指标。由此可见，安全性指标在项目临时设施规划中需要重点关注。在以往关于项目现场临时设施布局规划的研究中，也侧重于安全性的相关影响研究[32,33,42]。

属于施工效率一级指标的施工人员劳动效率（LPE）指标也是所有二级指标中相对重要的指标。而在以往的相关研究中，也重点分析了施工人员劳动效率对现场布局规划的影响[135,162]。因此可以证明施工效率在现场临时设施布局规划中也是需要重点考虑的因素。此外，由于工程项目有控制项目预算和项目成本的要求，成本因素在以往的布局规划中也进行了重点研究[30,163]。

3.5 本章小结

本章建立了项目现场临时设施布局规划的多指标决策框架，识别出多个空间优化指标，为项目管理者和决策者提供了有效的布局规划方案和决策方法，并为解决实际建设项目管理方面的宏观空间问题提供了思路。本章建立的决策框架主要分为两个阶段。这两个阶段分别为基于网络分析法的临时设施空间布局指标权重计算，以及基于 OAT 法的敏感性分析。该决策框架识别了临时设施空间布局的影响因素，建立了通用的临时设施布局规划网络结构，将空间布局规划问题转换为多指标优化问题进行求解。本章的主要结论如下。

（1）在本章所展示的应用案例中，安全性、施工效率和成本都是项目临时设施布局规划需要考量的一级指标。在与这些一级指标相关的二级指标中，与施工效率和安全性相关的指标相对更为重要，在实际建设项目空间布局规划中应重点考虑这些指标的影响。

（2）基于网络分析法的决策模型可以有效地对二级指标的相对重要性进行排序，并能够有效识别出临时设施布局方案中的最优方案，帮助决策者在实际布局规划中进行最终决策。结果表明，施工人员劳动效率是所有二级指标中最重要的指标。而冲突交叉点数量、设备操作安全性和工序操作安全性在所有二级指标中分别为第二、第三和第四重要的指标。

（3）通过基于 OAT 的指标敏感性分析，可以分析指标变化对方案排序的稳定性影响。通过仿真模拟结果，项目管理人员可以淘汰无法成为最优解的方案，并从潜在最优解中选择方案，再进行最终决策。

4 工程项目工作空间需求分析与空间包络模型

本书上一章所研究的项目临时设施规划问题是建设工程项目的宏观空间优化问题,本章将进一步对工序层面上更为具体的工程空间优化问题进行研究。本章研究主要围绕施工工序的主工作空间展开,论述施工工序的三维工作空间需求概念以及工作空间包络概念,并确定工序工作空间需求的具体参数。在此基础上,通过空间几何推理,识别出工序工作空间和脚手架系统之间的空间关系,建立了脚手架系统的空间布置规则,为后续优化模型的建立提供了理论依据。

4.1 工序工作空间包络模型

4.1.1 工作空间包络

在工程项目中,工作空间主要分为四种类型[15]:主工作空间、支持空间、构件空间以及安全空间。其中,主工作空间是施工人员对工序进行直接操作所需的空间。依据主工作空间的概念可以定义施工人员的工作空间包络,其是能够满足施工人员操作安全性和舒适性等要求的三维空间。工作空间包络的形状和类型主要受工序类型、连接构件类型和施工方法等因素的影响[164],并与工序执行过程中的最小工作空间需求直接相关。工作空间包络模型是第5章临时设施空间多目标优化的基础,该模型也可以为施工人员与劳动环境之间的人体工程学优化研究提供必要的信息。使用工作空间包络模型对脚手架系统进行空间优化,不仅可以提高临时设施的利用率、降低项目成本,也可以提升施工人员的劳动效率和安全性。

对于施工人员而言,执行一个工序时的最优操作高度和最舒适操作姿势决定了该工序的最优操作位置。比如,焊接和螺栓连接是管道工程、钢结构工程中常见的重要工序,在搭建临时设施平台前,如果可以识别并确定焊接和螺栓连接的最优操作高度,并将临时设施平台调整到此高度,便可以有效提升施工人员的劳动效率。

工程项目临时设施平台如脚手架等,与施工人员的主工作空间之间存在直接的空间关系[85]。工程计划人员应该将工序工作空间和与该工序相关的临时设施平台的空间关系进行准确、有效地识别。在搭建脚手架等临时设施之前,应首先明确决定施工人员工作空间的因素和参数对平台搭建高度的影响。因此,工作空间需求识别在工程空间优化研究中具有重要的意义。

4.1.2　工序工作空间包络模型的参数识别

工作空间包络需求首先可以通过人类的语言来对具体的工序空间需求进行描述。本章采用的空间需求描述依据美国五位有丰富施工经验及项目管理经验的从业者的采访调查结果[165],调查所采用的结构化采访方式是一种已广泛应用的知识获取方法[166,167]。采访调查者的选取标准:①他/她在被采访时是管道工程管理人员或脚手架设施管理人员;②他/她曾任职于石油天然气工业公司;③他/她拥有至少五年的管道工程管理或脚手架设施管理经验。

根据以上标准,调查选取了五位经验丰富的相关从业人员作为受访者。考虑到受访者的数量较少,采访结果需进行相互验证来保证结论和信息的准确性和完整性[168-170]。受访者的工作经验描述如表 4.1 所示。

表 4.1　受访者的工作经验描述

采访人员	经验描述
1	曾作为管道工程管理人员在美国油气工程项目任职 10 年左右
2	曾作为管道工程管理人员在美国油气工程项目任职 8 年左右
3	曾作为脚手架管理人员在美国排名前 50 的承包商公司工作,具有 12 年左右的行业从业经验
4	曾任职于脚手架承包商公司,作为脚手架管理人员在加拿大油砂精炼项目工作,具有 10 年管道和钢结构管理经验,并具有 3 年脚手架施工指导经验
5	曾作为管道施工管理人员在美国海岸项目中的主要承包商公司任职,具有 15 年左右的工程工作经验,并具有 6 年施工管理经验

考虑到一个完整的工程项目所包含的工序数量庞大且类型繁多,调查研究设计了多种类型的图纸问卷,并要求受访人员针对图纸中涉及的多种工序进行工作空间需求识别。本研究共设计了 9 张图纸问卷,图纸设计方案是从一个碳化装置工业管道项目模型(来源于美国 Bentley Systems 提供的三维模型)中提取的,后经过重新设计确定。图 4.1 为管道连接工序相关图纸示例,该图纸包含了管道模型的 2D 和 3D 视图、构件安装的文字描述(尺寸、重量和安装方法等)、连接面信息和图纸模型比例等。受访者被要求根据图纸问卷上展现的施工情景,识别和确定工序的最优工作空间需求,并阐述识别的依据和决策过程[165]。

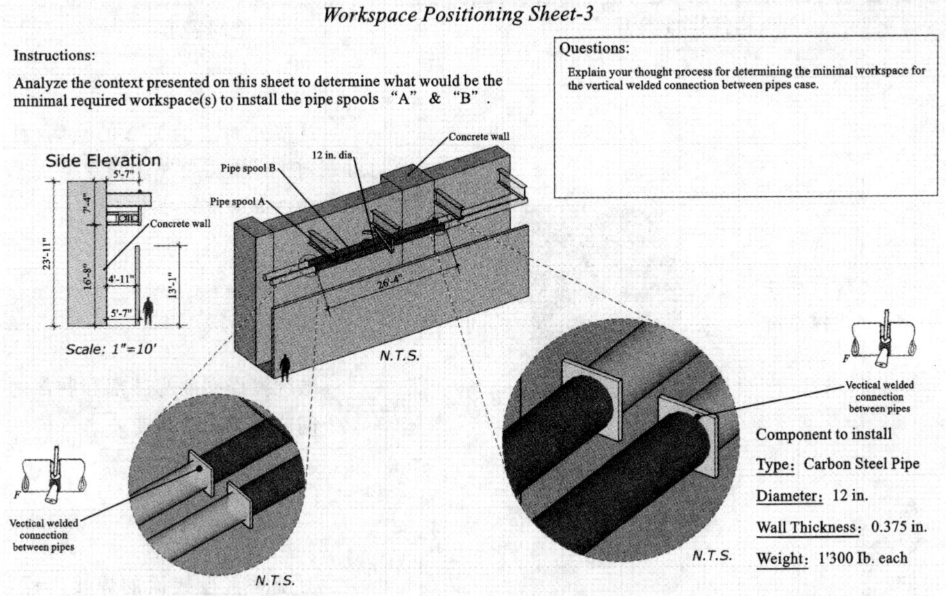

图 4.1 管道连接工序相关图纸示例

本研究比较分析了五位受访者的图纸问卷调查结果,分析结果表明,不同受访者识别出的最优工作空间需求具有高度的一致性。因此,对该调查结果进行总结可归纳出不同工序所需的工作空间描述。

本研究将工业管道工程中的结构类型分为两类:一类是与钢结构连接相关的工序;另一类是管道连接相关的工序。与钢结构连接相关的工序可以进一步细分为与螺栓连接支撑系统相关的工序,以及与焊接支撑系统相关的工序。管道连接工序也可以进一步细分为垂直管道螺栓连接工序、其他管道螺栓连接工序、法兰连接工序、蝶形阀连接工序和小型蝶阀连接工序。通过分析相关工序的空间调查结果,可以得到工业管道工程中工序的三维工作空间需求。

通过调查结果可知,工序所需的工作空间包络均由两部分构成:水平空间需求包络和垂直空间需求包络。水平空间需求包络由水平方向上的二维工作空间需求决定;垂直空间需求包络则由两个关键高度决定,即施工人员的最优操作高度和支撑平台的高度。

表 4.2 展示了钢结构中相关连接工序的工作空间需求调查结果。如表 4.2 中A.1.1 所示,螺栓连接支撑系统相关工序的水平空间需求为施工连接处周围至少有 1.1 m 的空间距离。受访者强调,1.1 m 是所有工序的水平空间需求标准。因此,对于其他工序,若无特殊说明,则认为连接处周围 1.1 m 范围内的空间是最小需求空间。

表 4.2　钢结构连接工序的工作空间需求调查结果

构件连接类型			空间需求	
A. 支撑 结构	A.1 螺栓连接 支撑系统		A.1.1	连接处周围 1.1 m 的空间（任何工序都需要至少该尺寸大小的空间距离）
			A.1.2	最优操作高度为腰部和胸部之间或在腰部的高度
	A.2 焊接支撑 系统		A.2.1	对于垂直连接面的焊接工序，最舒适的焊接位置是在胸部和腰部之间的高度范围
			A.2.2	对于水平连接面的焊接工序，最优操作高度为与面部高度平齐，且需要有充足的头顶空间；若头顶空间不够，则头顶的空间需要能满足胳膊的伸展活动需求

　　工序的垂直空间需求相比其水平空间需求更为复杂。该需求不仅与施工人员的身高、身材等因素相关，还与施工人员的操作习惯相关。确定垂直方向上的空间需求需要从人体工程学特点和施工的安全性两方面进行考量。

　　在垂直方向上，空间需求的相关参数主要包括理想工序操作高度和可接受操作高度。由于脚手架系统不可能完全满足每个工序最理想的工作空间需求，因此需要建立相关模型和算法来优化脚手架平台的位置，识别出能够支持多个工序同时进行的平台最合理放置高度。而空间需求参数是解决脚手架系统空间优化问题的重要依据（这部分内容将在后面章节详细阐述）。

　　如表 4.2 中 A.1.2 所示，螺栓连接支撑系统中，工序的最优操作高度是在腰部和胸部之间或在腰部的高度。如表 4.2 中 A.2 所示,焊接支撑系统中,工序的垂直空间需求与焊接连接工作面的方向相关。当焊接连接工序的工作面垂直于支撑平台时,施工人员最舒适的操作位置为胸部和腰部之间的高度范围;当焊接连接工序的工作面平行于支撑平台时,在施工人员头顶预留足够空间的前提下,最优操作高度为与面部高度平齐。如果在施工人员头顶上方没有预留足够的空间,可适当调整操作高度以满足施工人员手臂伸展的需求。

管道连接工序工作空间需求调查结果如表 4.3 所示。

表 4.3　管道连接工序工作空间需求调查结果

构件连接类型			空间需求	
B. 管道 连接 工序	B.1 垂直 管道 螺栓 连接 工序		B.1.1	对于垂直连接面的管道螺栓连接,需要的工作空间宽度为 1.1 m
			B.1.2	垂直方向上,工序操作的最佳高度是在腰部和胸部之间的高度(对于所有的管道连接工序都适用);可接受高度是在膝盖和脸部高度之间
	B.2 其他 管道 螺栓 连接 工序		B.2.1	管道外需要有 0.9~1.2 m 的空间距离来进行工序操作
	B.3 法兰 连接 工序		B.3.1	管道外侧需要有 1.1 m 的空间距离
			B.3.2	最优操作高度是在腰部和胸部之间,并且可以够到法兰的顶部和底部
	B.4 蝶形阀 连接 工序		B.4.1	连接工序周围需要有 1.1 m 的空间距离,确保阀门能够自由活动

续表

构件连接类型			空间需求
B. 管道 连接 工序	B.5 小型 蝶阀 连接 工序		B.5.1 阀门外侧需要有 1.1 m 的空间距离
			B.5.2 对于施工人员,工序操作高度的范围是从距离地面小腿中部的高度到眼睛的高度

对于垂直管道螺栓连接工序(B.1),水平方向上的需求空间为管道外至少 1.1 m 宽的工作空间。该工序的垂直空间需求主要体现在:螺栓连接的理想操作高度在腰部和胸部之间(比支撑平台高 0.9~1.2 m)。此外,施工人员也可以在膝盖至面部这一高度范围进行施工操作,该范围称为该工序操作的可接受高度范围。当头顶没有预留足够的空间时,该范围也同样适用。

对于其他管道螺栓连接工序(B.2),管道外侧需要预留至少 0.9~1.2 m 宽的工作空间,其他空间需求与垂直螺栓连接工序的空间需求一致。

对于法兰连接工序(B.3),管道外侧需要预留至少 1.1 m 宽的水平空间,以满足施工人员围绕法兰构件进行施工操作的需求。在垂直方向上,人员进行施工活动的空间范围上界应至少与视线中法兰部件的最高点平行。最优操作高度应在施工人员的腰部和胸部之间。

对于蝶形阀连接工序(B.4)以及小型蝶阀连接工序(B.5),需要预留至少 1.1 m 宽的水平工作空间。在垂直方向上,工序的最优高度在施工人员的腰部高度和眼部高度之间,工序的最低操作高度与施工人员小腿中部高度平行(距离支撑平台 10~13 cm)。工序的最高操作高度与施工人员眼部高度平行。最高和最低操作高度之间均为该工序的可接受操作高度。这一可接受高度范围也同样适用于其他类型的工序,如管道连接工序。

因此,通过识别工序工作空间需求,可以获得各类工序的水平空间需求和垂直空间需求的语义描述,为工序空间需求参数的确定和脚手架系统空间优化建立基础。

4.2 工序工作空间需求模型

4.2.1 工作空间模型

脚手架系统可以为施工现场的施工人员提供足够的工作空间来进行相应工序的操作,因此,脚手架提供的工作空间大小也会对施工人员劳动效率造成显著影响。然而,以往的研究很少涉及工序工作空间和脚手架系统之间的空间关系识别。本章通过空间几何推理方法,对工序工作面空间和脚手架平台放置位置之间的相关性进行了研究。

根据第2章介绍的工序工作空间需求定义,以及本章对空间需求的调查结果,可以将一个工序的工作空间需求通过三维工作空间包络模型来表示(见图4.2)。该模型可以视为一个由不同的边界框围成的长方体,长方体的内部空间表示执行工序所需的工作空间[75],其位置需依据工序工作面的位置来确定。此外,三维工作空间需求还取决于工作面的属性,主要包括工作面的几何形状、工作面的尺寸大小、相应工序的类型和工序的操作方向等。

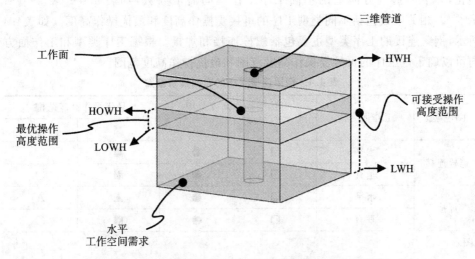

图4.2 单一工序的三维工作空间包络模型及其参数属性

如图4.2所示,工作空间包络模型中垂直方向的空间需求可由四种类型的高度位置参数来量化,即最低操作高度、最高操作高度、最优操作高度的最低位置,以及最优操作高度的最高位置。这些参数的具体定义如下。

(1)最低操作高度(lowest working height,LWH):施工人员脚底到施工人员最低可操作高度之间的垂直距离。

(2)最高操作高度(highest working height,HWH):施工人员脚底到施工人员最高可操作高度之间的垂直距离。

(3)最优操作高度的最低位置(lowest optimal working height,LOWH):施工人员脚底到施工人员最优操作高度范围的最低高度之间的垂直距离。

(4)最优操作高度的最高位置(highest optimal working height,HOWH):施工人员脚底到施工人员最优操作高度范围的最高高度之间的垂直距离。

如果施工人员所在工作面的高度达到最低操作高度(LWH),则表示施工人员在该高度上可以执行该工序。但该高度不能保证施工人员以最舒适的姿势完成该工序,因此也无法确保实现施工人员劳动效率的最大化。如果施工人员所在的工作面高度处于最优操作高度的最低位置（LOWH）和最高位置（HOWH）之间,则表示施工人员能够以最舒适的姿势来执行该工序,可以实现施工人员劳动效率的最大化。因此,应尽量使工作面位置处于 LOWH 和 HOWH 之间的高度范围内。

4.2.2 不同工序的工作空间需求

通过上述调查研究,可以得到不同施工专业中相关工序的工作空间需求。本节通过对不同工序的工作空间包络模型进行比较,并对模型中的参数进行提取和转化,总结出垂直方向上的不同工序工作空间需求参数,如表 4.4～表 4.7 所示[165]。相关参数包括不同类型工序的可接受操作高度和最优操作高度。如表4.4所示,钢梁连接的工序类型主要包括螺栓连接和焊接。根据工序类型和工作面方向可以确定该工序的可接受操作高度范围和最优操作高度范围。

表 4.4　钢梁连接工序的空间需求参数

工序类型	工作面方向	可接受操作高度范围		最优操作高度范围	
		高	低	高	低
螺栓连接	水平	❏	●	■	○
	垂直	❏	●	■	○
焊接	水平	❏	●	▲	▲
	垂直	❏	●	■	○

图示:

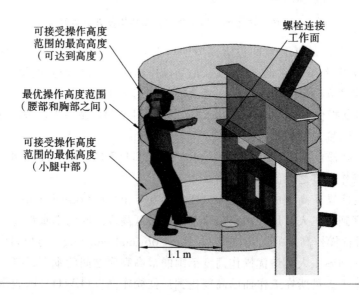

可接受操作高度范围的最高高度（可达到高度）

最优操作高度范围（腰部和胸部之间）

可接受操作高度范围的最低高度（小腿中部）

螺栓连接工作面

1.1 m

工序类型	工作面方向	可接受操作高度范围		最优操作高度范围	
		高	低	高	低
❑头顶高度　　　　○腰部高度 ▲脸部高度　　　　❒臀部高度 ■胸部高度　　　　●小腿中部高度					

钢梁和混凝土连接工序的空间需求参数如表 4.5 所示,钢梁和混凝土连接工序主要分为螺栓连接和焊接两类。如果工作面方向和操作方向不同,施工人员的最优操作高度和可接受操作高度也将不同。如表 4.5 中的图示所示,当施工人员进行水平工作面的螺栓连接工序时,最优操作高度为比头顶高 10～13 cm 的位置,可接受操作高度在胸部高度和高于头顶 25 cm 左右的高度范围内。

表 4.5　钢梁和混凝土连接工序的空间需求参数

工序类型	工作面方向	操作方向	可接受操作高度范围		最优操作高度范围	
			高	低	高	低
螺栓连接	水平	向上	头顶高度 +25 cm	■	头顶高度 +(10～13) cm	
		向下	■	●	❑	❑
	垂直	—	❑	●	■	○
焊接	水平	—	❑	●	■	■
	垂直	—	❑	●	▲	○

图示:

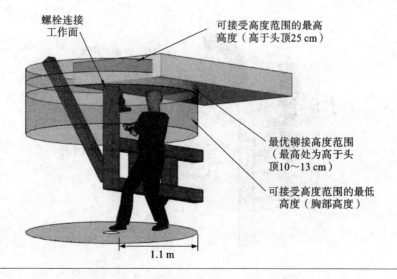

续表

工序类型	工作面方向	操作方向	可接受操作高度范围		最优操作高度范围	
			高	低	高	低

⬜ 头顶高度	⭕ 腰部高度
▲ 脸部高度	▢ 臀部高度
■ 胸部高度	● 小腿中部高度

　　管道连接工序的空间需求参数如表 4.6 所示,管道连接工序主要分为螺栓连接和焊接两类。对于螺栓连接工序,无论是水平工作面还是垂直工作面上的连接工序,可接受操作高度均在施工人员小腿中部到头顶这一高度范围内,最优操作高度在施工人员腰部到胸部的高度范围内。对于焊接工序,工作面方向对工序空间需求有一定的影响。对于水平方向的焊接工序,最优操作高度应为施工人员脸部高度。表 4.6 中的图示展示了施工人员进行水平焊接工序操作时的工作空间需求。施工人员需要管道周围 1.1 m 范围的空间来进行相关操作。

表 4.6　管道连接工序的空间需求参数

工序类型	工作面方向	可接受操作高度范围		最优操作高度范围	
		高	低	高	低
螺栓连接	水平	⬜	●	■	⭕
	垂直	⬜	●	■	⭕
焊接	水平	⬜	●	▲	⭕
	垂直	⬜	●	■	⭕

图示:

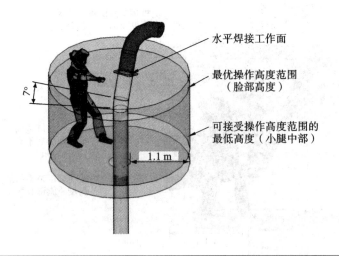

水平焊接工作面

最优操作高度范围
(脸部高度)

可接受操作高度范围的
最低高度(小腿中部)

7°

1.1 m

工序类型	工作面方向	可接受操作高度范围		最优操作高度范围	
		高	低	高	低

◘头顶高度　　　　○腰部高度
▲脸部高度　　　　◙臀部高度
■胸部高度　　　　●小腿中部高度

　　管道和法兰连接工序的空间需求参数如表 4.7 所示。管道和法兰连接工序的可接受操作高度在施工人员小腿中部到头顶的高度范围之内。工序最优操作高度在施工人员腰部到胸部的高度范围之内。如表 4.7 中的图示所示，在该工序施工过程中，应在阀门和管道周围预留至少 1.1 m 范围的空间作为操作空间。

表 4.7　管道和法兰连接工序的空间需求参数

工序类型	操作方向	可接受操作高度范围		最优操作高度范围	
		高	低	高	低
螺栓连接	水平或垂直	◘	●	■	○
焊接	水平	◘	●	■	○
	垂直	◘	●	■	○

图示：

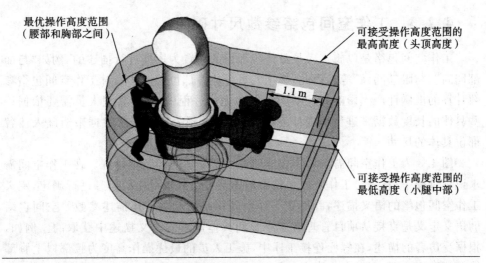

◘头顶高度　　　　○腰部高度
▲脸部高度　　　　◙臀部高度
■胸部高度　　　　●小腿中部高度

上述工序有各自不同的工作空间需求，但它们的工作空间模型均可简化为水平空间需求包络和垂直空间需求包络。其中不同工序的需求包络参数与工序的属性有关，这些属性包括：工序的具体类型（螺栓连接或焊接）；工序的连接面方向（水平方向或垂直方向）；工序的操作方向（向上操作或向下操作）。不同工序的工作空间需求存在差异，也存在一些共性。例如，工序工作空间需求的水平方向包络通常为连接点周围1.1 m范围内的空间。此外，如果连接面是垂直方向，由于施工人员需要到达连接点的任意一侧，因此水平方向上的需求空间在一个长方形范围内；如果连接面是水平方向，由于施工人员需要在连接点处转身，因此水平方向上的需求空间在一个圆形范围内。

工序类型是影响工作空间垂直空间需求包络的重要因素。以管道焊接工序为例，由于该类工序对操作精度的要求较高，因此工序的最优操作高度一般与施工人员的眼部高度一致，以减少操作过程中的视觉偏差。而对于螺栓连接工序，由于该工序操作主要通过手臂的活动来完成，因此工序的最优操作高度一般在施工人员腰部和胸部之间的高度范围内。

此外，工序的连接面方向也对工作空间垂直空间需求包络有重要的影响。比如在焊接工序中，垂直工序连接面的最优操作高度应低于水平工序连接面的最优操作高度；对于向上操作的工序，为保证操作过程中手臂活动的舒适性，最优操作高度应超过施工人员的头部高度；而对于向下操作的工序，为降低视觉疲劳度，提高操作过程的舒适度，最优操作高度应接近施工人员的臀部高度。

4.2.3   工作空间包络参数尺寸确定

工作空间包络是以施工人员身体各部位的位置为依据进行描述的，例如"与面部同高""与眼部同高"等。因此，施工人员身体各部位的尺寸将对工作空间包络参数计算的准确性产生影响。在空间规划和优化过程中，规划管理人员需要依据一些具体的长度数据来进行精确计算，应通过参考相关的人类学数据来明确人体各部位具体的尺寸。

图4.3为工作空间需求和工作空间包络模型建立的基本过程。在工作空间需求识别过程中，首先对工作空间包络中与施工人员肢体对应的信息进行确定，定义工作空间包络的语义描述，并确定工作空间包络的相关肢体描述参数。空间包络的语义定义是直接从项目管理者工序空间具体需求的语义描述中获取的。例如，根据受访者的描述，在螺栓连接工序中，施工人员的最优操作高度为腰部以上胸部以下的高度范围，水平空间需求为构件周围1.1 m的范围。那么通过语义定义，可以根据该描述确定工作空间包络的相关参数，即水平方向空间需求参数和垂直方向空间需求参数。因此，可以通过空间包络的语义定义构建由肢体相对位置描述的空间包络模型，该模型可以帮助项目规划者确定与工序工作空间相关的参数。

这些属性主要包括所需工作空间的方向、形状和相对尺寸,其中,相对尺寸是通过施工人员各个肢体位置的描述来定义的,例如"和面部位置同高""膝盖和面部高度之间""与眼部同高"等描述。但是,需将相对尺寸转换成绝对尺寸,才能得到空间需求包络的具体尺寸。在这个转换过程中,需参考人体肢段参数和人类学统计数据,以确定需求参数的具体数值。

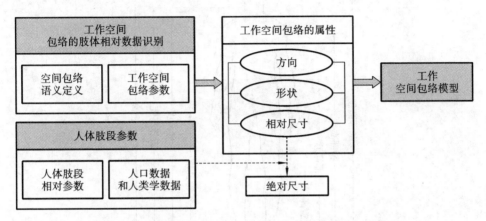

图 4.3　工作空间需求和工作空间包络模型建立的基本过程

4.2.4　人体测量数据和人体肢段参数

人体测量数据(anthropometric data)是生物力学、人体工程学和运动科学等研究领域中的重要基础数据。其中,人体测量数据中的人体肢段参数(body segment parameters,BSP)是生物力学研究需参考的必要输入参数,其在运动动力学计算中被广泛使用。BSP 研究起源于对美国空军飞行员的研究,并在人类运动学研究以及后期的机器人研究中得到了发展[171]。人体肢段参数与人体活动的动力学分析及人体工程学研究获得的相关数据有密切的联系。人体肢段参数理论在工业设施设计、活动设施设计、运动员能力提升等研究领域得到了广泛的应用。在人体活动的动力学分析中,人体肢段参数与整个身体、关节(包括颈部、肩膀、肘部、腰部、膝盖、踝关节等)和各个身体部分(包括头部、上臂、前臂、手、大腿、小腿、脚部等)之间线性位移和角位移等数据的确定直接相关[172]。

人体肢段参数可以通过人口调查统计数据和预测计算获取,不同种族的人体的测量数据会存在差异。例如,白种人的头部较圆、脸比较立体、四肢较长,而亚洲人的脸比较平、身材和四肢较短。因此,为减少计算误差,在参考 BSP 进行人体工程学设计或人类运动学研究时需对不同种族之间的 BSP 差异进行识别。

预测人体肢段参数的模型主要包括几何模型[173]、人体研究中得到的两种模型[174,175]、三种活体扫描模型[176-178]。为完成本研究的空间模型的参数计算,需要将人体肢段参数和人体测量数据作为必要的输入信息。本研究采用的人体肢段参数来源于 Drillis 等[172]学者的研究(见图 4.4)。

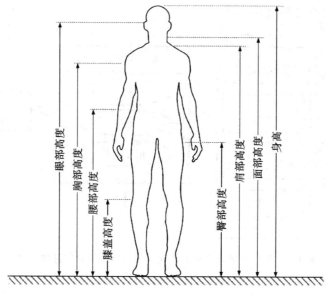

图 4.4　人体肢段参数和比例示意

通过对人体测量数据和人体肢段参数进行计算,可以确定人体各肢段的比例和长度,并将工序空间需求语义描述中的相对长度转换为绝对长度。在定义个体身高为 H 的前提下,本研究采用的人体各肢段比例为:眼部高度 = $0.936H$,面部高度 = $0.870H$,肩部高度 = $0.818H$,胸部高度 = $0.720H$,腰部高度 = $0.630H$,臀部高度 = $0.530H$,膝盖高度 = $0.285H$。

尺寸转换过程所需的人类学数据主要包括各肢段的具体长度和尺寸。但目前可获得的具体数据仅限于少数地区的特定人群,确定世界全部地区人口的人类学数据比较困难。因此,本研究采用统计数据和人体肢段参数相结合的方式来进行计算。通过结合不同人群的身高平均值和人体肢段参数进行计算,可以得到所需人群各肢段的参数值。

根据国家卫生健康委员会发布的相关报告,我国 18 岁及以上成年男性的平均身高为 167.1 cm。考虑到我国建筑行业施工人员大多为男性,在研究中可以参考我国成年男性平均身高统计数据来计算建筑业施工人员的人体各肢段参数值。鉴于我国相关统计的数据中不包含人体各肢段的精确数据,本研究依据人体肢段参数比例,结合平均身高统计数据对中国成年男性肢段参数的精确值进行了计算推导。计算结果如表 4.8 所示。

表 4.8 中国成年男性肢段参数计算结果(单位:cm)

身长	站立姿势从脚底到人体各肢段/部位的长度						
	眼睛	面部	肩部	胸部	腰部	臀部	小腿
167.1	156.4	145.4	136.7	120.3	105.3	88.6	47.6

表 4.9 展示了美国人体测量调查和统计数据结果[179]。表中非阴影部分数据是从美国军方调查统计的人体各肢段参数数据中直接获取的,这些数据反映了人体保持站立姿势时的测量结果,具有较高的准确性。表中阴影部分数据(包括面部高度和胸部高度)是通过参考人体肢段参数比例和身高统计数据进行计算确定的。

表 4.9 美国人体测量调查和统计数据结果

序号	身体部位(站立姿势)	最小值/cm	最大值/cm	平均值/cm	标准差	百分位数		
						5%	50%	95%
1	身长	149.7	204.2	175.58	6.68	164.69	175.49	186.65
2	眼睛高度	75.28	191.2	163.39	6.57	152.82	163.26	174.29
3	面部高度			152.75				
4	肩部高度	118.2	170.4	144.25	6.2	134.16	144.18	154.56
5	胸部高度			126.42				
6	腰部高度	91.7	134.8	112.71	5.2	104.31	112.6	121.34
7	臀部高度	71.5	111.4	88.74	4.71	81.48	88.47	96.89
8	小腿高度	40.6	62	50.48	2.76	46.1	50.39	55.16

从表 4.8 和表 4.9 可以看出,中国和美国成年男性平均身高存在较大差异。中国成年男性平均身高为 167.1 cm,而美国成年男性平均身高则为 175.58 cm。因此,在进行垂直方向的工序工作空间需求测算时,应充分考虑不同人群的平均身高差异。因为表 4.9 所示的美国人体测量调查和统计数据中的绝大部分数据是从实际调查统计结果中直接获取的,所以在本研究的仿真优化的算例中主要参考美国的人类学统计数据,以保证输入和输出的数据的准确性和有效性。

4.3 脚手架平台优化的空间推理

4.3.1 脚手架空间优化

工程项目中的工序可以分为直接施工工序和间接施工工序。其中,直接施工工序是指与结构构件的直接施工和安装相关的工序,间接施工工序是指脚手架等临时设施的搭建、迁移和拆除等工序。在项目计划阶段,项目管理者需要对直接施工工序的劳动产出和间接施工工序的劳动力成本进行权衡分析。因此,在临时设施搭建前,对脚手架系统进行合理的空间规划和空间优化是项目整体规划的重要部分。

目前,脚手架系统规划的主要研究方向为脚手架系统的可视化、脚手架的类型选择以及脚手架系统的 3D/4D 设计自动化等。现阶段依然缺乏能够在施工前对脚手架系统进行优化设计的方法研究,而工作空间理论的应用则为研究脚手架空间优化的方法提供了基础。

工序工作空间理论是与施工相关的专业领域研究中需要参考的重要理论,该理论在钢结构施工、混凝土结构施工、电气工程施工等领域得到了广泛应用。本节以识别工序工作空间需求为基础,研究了工序的工作空间与脚手架平台之间的空间关系,建立了脚手架空间优化的空间规则。

由于工业管道工程中的工序数量繁多,因此与工业管道施工相关的临时设施脚手架系统也更为复杂,规划难度更高。本节提出了管道工程脚手架空间优化的基础理论。该理论方法可以广泛应用于其他建筑施工专业的研究中,为临时设施空间规划研究提供参考。

4.3.2 工作空间包络模型和脚手架平台的空间关系

根据不同类型的工序工作空间需求,可以对脚手架平台的放置位置进行空间推理。通过参考本书前述章节中研究的工序工作空间需求参数(最优操作高度和可接受操作高度等),可以识别出工作空间包络模型与脚手架平台之间的空间关系,进而通过空间推理建立脚手架平台的放置规则。脚手架平台放置规则的空间推理过程如图 4.5 所示。

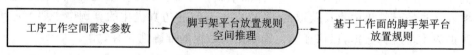

图 4.5 脚手架平台放置规则的空间推理过程

　　管道施工中脚手架平台放置空间模型及相关参数如图 4.6 所示。相对于管道施工构件,脚手架平台的放置位置应该在施工人员工作面的下方。

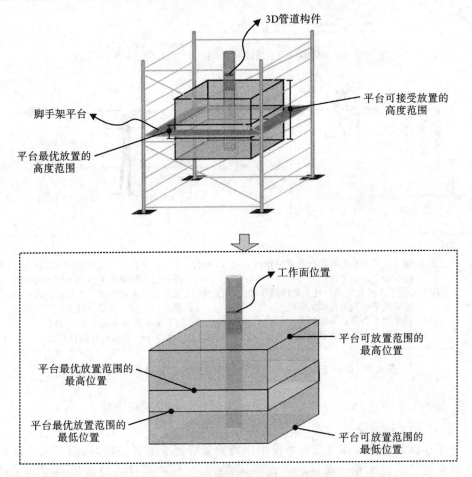

图 4.6　管道施工中脚手架平台放置空间模型及相关参数

　　施工人员进行工序操作的姿势取决于脚手架平台放置的高度。当脚手架平台放置在距离工作面较近的位置时,施工人员需要以下蹲的姿势进行工序操作;当脚手架平台放置在距离工作面较远的位置时,施工人员需要通过抬头并举起手臂的姿势进行工序操作。由施工人员可以接受的最低操作位置和最高操作位置可以得出脚手架平台的高度范围。此外,当施工人员以最舒适的姿势进行工序操作时,脚手架平台的放置范围为平台的最优放置高度范围。施工人员在此高度范围内的平台上施工可以实现劳动效率最大化。脚手架平台放置空间模型的参数主要包括:平台可放置范围的最高位置,平台可放置范围的最低位置,平台最优放置范围的最高位置,以及平台最优放置范围的最低位置。若脚手架平台没有放置在可接受放置高度范围内,则该平台无法支持该工序的操作。图 4.7 展示了施工人员以不同姿势进行工序操作时,相应的工序操作高度(工作面高度)和脚手架平台高度之间的空间关系。

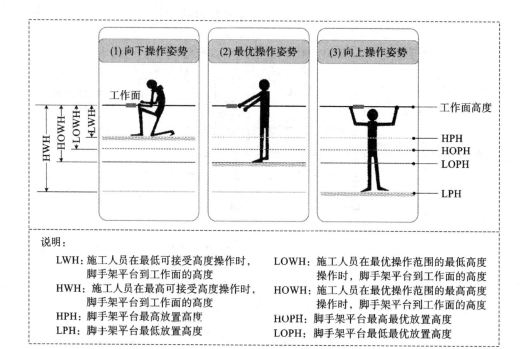

说明:
LWH:施工人员在最低可接受高度操作时,
　　　脚手架平台到工作面的高度
HWH:施工人员在最高可接受高度操作时,
　　　脚手架平台到工作面的高度
HPH:脚手架平台最高放置高度
LPH:脚手架平台最低放置高度

LOWH:施工人员在最优操作范围的最低高度
　　　　操作时,脚手架平台到工作面的高度
HOWH:施工人员在最优操作范围的最高高度
　　　　操作时,脚手架平台到工作面的高度
HOPH:脚手架平台最高最优放置高度
LOPH:脚手架平台最低最优放置高度

图 4.7　某一工序的操作高度和脚手架平台高度之间的空间关系

如图 4.7 所示,施工人员的工序操作姿势分为如下三种类型。

(1) 向下操作姿势。

工作面高度在工作空间包络模型中的最低可接受放置高度时,施工人员以向下操作姿势执行工序。在这种情况下,脚手架平台的高度为可放置高度的最高高度。

(2) 最优操作姿势。

当工作面高度在工作空间包络模型中的最优操作范围的最低高度和最高高度之间时,施工人员以最优操作姿势执行工序。在这种情况下,脚手架平台的高度为最优放置高度。

(3) 向上操作姿势。

当工作面高度在工作空间包络模型中的最高可接受高度时,施工人员以向上操作姿势执行工序。在这种情况下,脚手架平台的高度为可放置高度的最低高度。

脚手架平台的放置规则可以通过式(4.1)~式(4.4)进行精确推导。推导结果可以用于后续脚手架平台高度优化研究。

（1）脚手架平台最高放置高度（highest placing height for scaffolding，HPH）。

$$HPH＝工作面的绝对高度－LWH \tag{4.1}$$

（2）脚手架平台最低放置高度（lowest placing height for scaffolding，LPH）。

$$LPH＝工作面的绝对高度－HWH \tag{4.2}$$

（3）脚手架平台最高最优放置高度（highest optimal placing height for scaffolding，HOPH）。

$$HOPH＝工作面的绝对高度－LOWH \tag{4.3}$$

（4）脚手架平台最低最优放置高度（lowest optimal placing height for scaffolding，LOPH）。

$$LOPH＝工作面的绝对高度－HOWH \tag{4.4}$$

通过上述空间推理计算过程，可获得脚手架平台放置位置、工作空间需求及工作面高度之间的计算关系。此外，通过参考人体肢段参数，可以进一步将工作空间需求转化为可用于直接计算的具体参数数值。这些参数数值将在后续脚手架平台优化高度的详细计算中应用。

此外，当脚手架平台放置高度发生变化时，脚手架平台能够支持的工序数量会发生变化，导致平台的利用率随之变化。同时，脚手架平台位置对平台上施工人员的劳动效率也会产生影响。后续章节将详细地分析在不同脚手架平台空间方案中，与平台高度具有密切联系的直接工作输出与间接工作输入的计算分析过程。

4.4　本 章 小 结

本章阐述了工序工作空间需求包络模型的前期研究成果，总结了工作空间包络模型的参数识别过程，并针对工业管道工程中涉及的各种工序，详细分析了具体的工作空间需求和影响工作空间需求的重要因素。此外，本章通过空间几何推理方法对工序工作空间和临时设施脚手架平台之间的空间关系进行了识别，建立了脚手架平台搭建的空间放置规则。本章的主要结论如下。

（1）工作空间需求由工序的属性决定，这些属性主要包括工序的类型、施工连接面的方向、施工连接点位置、操作方向等。工作空间的相关参数可以通过人体肢段参数和人口统计数据推算确定，这些参数的计算结果是后续脚手架空间优化计算的基础。

（2）施工人员劳动效率受工作空间的影响。若工作空间不充足，则施工人员劳动效率会显著降低，脚手架平台的位置、高度将影响施工人员的操作空间和操作环境。因此,脚手架平台的空间规划对施工的舒适性、安全性以及项目的总体成本和施工效率会产生直接影响。

（3）脚手架平台的位置会影响施工人员的工作空间的大小、工作空间位置及施工姿势,进而影响施工人员的工作舒适性和劳动效率。通过基于工序工作空间需求的空间推理建立了脚手架平台的放置规则,可以提高施工劳动效率,并减少脚手架搭建成本和相应的劳动力投入成本。

5　基于模型的工作区临时 设施管理与空间优化

在建设工程项目中,脚手架系统能够为施工人员提供足够的工作空间,支撑施工人员完成相应的施工活动。然而,以往的研究并未提出根据基本的工序工作空间需求对脚手架系统进行空间管理和优化的系统方法。为了提高施工人员劳动效率、减少脚手架系统的移动次数、降低与脚手架搭建相关的劳动力投入成本,本章在工序工作空间需求包络模型的基础上,依据脚手架系统的空间布置规则,建立了脚手架系统的多目标空间优化模型,为项目管理人员提供理论和决策指导。

5.1　脚手架平台空间问题中应用基于 仿真的优化算法的必要性

在工业管道项目中,由于施工工序的种类繁多且数量较大,项目施工对临时设施如脚手架系统的需求也相应较大。脚手架平台之间的距离和平台的高度会影响施工人员的工作空间和劳动效率。此外,脚手架的空间规划方案还会影响平台所能支持的工序,脚手架平台的层数越多,脚手架能够支持的工序数量也越多。管道施工效率指数与脚手架不能支持的工序数量之间的理论关系如图 5.1 所示。

从图 5.1 中可以看出,一个可选的脚手架方案由一系列决策变量组成。这些变量包括脚手架平台的拟搭设高度、拟搭设数量等。假设在一个工业管道项目中存在如下三种脚手架规划备选方案。

(1)包括两层平台的脚手架系统,平台的高度分别为 1.8 m 和 5 m。

(2)包括两层平台的脚手架系统,平台的高度分别为 3.2 m 和 6.2 m。

(3)包括五层平台的脚手架系统,平台的高度分别为 2.2 m、4.2 m、6.2 m、8.2 m 和 10.2 m。

通过对比以上三种方案可以推断出,脚手架系统中搭设的平台数量越多,管道施工人员劳动效率则可能越高,平台不能支持的工序数量也较少。因此,进行脚手架系统的空间规划可以辅助项目管理人员有效地评估施工中的直接工作产出。

在脚手架方案的决策过程中,管理人员还需要考虑脚手架搭建的劳动力投入成本。因此,平衡管道施工人员劳动效率、不能支持的工序数量以及与脚手架搭建相关的劳动力投入成本,实质上是一个以选择脚手架最优空间方案为目的的多目标优化问题,优化目标分别为管道施工人员劳动效率的最大化、脚手架不能支持的工序数量的最小化以及脚手架劳动力投入成本的最小化。为解决该优化问题,首先需要建立脚手架系统空间优化的多目标模型。

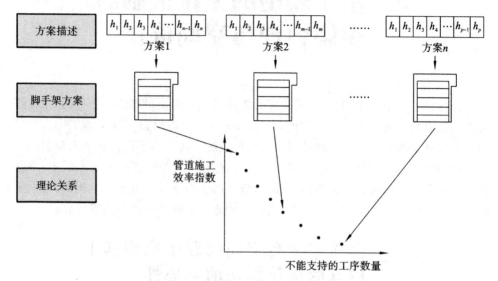

图 5.1 管道施工效率指数与脚手架不能支持的工序数量之间的理论关系

脚手架系统空间优化模型的建立主要分为以下两个阶段。

(1) 建立基于仿真的数学模型,对所搭建脚手架平台不同层数的情况,分析出不同情况下的脚手架最优空间规划方案。

(2) 建立基于多属性效用理论的决策模型,对管道施工劳动效率、不能支持的工序数量以及脚手架劳动力投入成本指标进行敏感性分析,进而对脚手架系统的空间规划进行进一步决策。

5.2 基于多目标模型和仿真的脚手架空间优化算法

5.2.1 空间优化模型的目标函数

在本章提出的脚手架系统空间优化模型中,建立了两个目标函数:①管道施工人员劳动效率最大化;②脚手架系统不能支持的工序(任务)数量最小化。每个目标函数的数学表达和含义如下。

1. 管道施工人员劳动效率最大化

在建筑业和制造业中,通过对工程设备及施工环境进行人体工程学方面的改进,可以使施工人员在舒适程度较高的环境中进行工序的操作,以提高施工人员劳动效率[180-184]。在工业实践中,施工人员可以以不同的操作姿势完成焊接、螺栓连接等工序。在以往研究中,学者通过 Ovako 工作姿势分析系统(Ovako working posture analyzing system,OWAS)对可能采用的操作姿势进行了识别和分类[185]。不同的操作姿势会影响施工人员的舒适度,进而影响施工人员的劳动效率。为了使管道施工人员的劳动效率最大化,最有效的方法是根据脚手架平台的放置规则,将脚手架平台放置在工序对应的最优放置高度范围内。

基于上一章建立的脚手架平台放置规则,本章提出了临时设施空间优化的多目标优化模型。在该模型中,首先建立了劳动效率评价计量指标,即施工人员劳动效率指标(crew productivity criterion,CPC)。该指标通过比较脚手架平台拟搭建高度和脚手架可接受/最优放置高度之间的垂直空间关系计算确定。

如图 5.2 所示,对于任一工序 i,可以根据脚手架平台放置规则来确定支持平台的有效放置区域。工序 i 周围区域在垂直空间上可分为五个分区。当脚手架平台分别放置在不同的分区内时,施工人员的劳动效率是不同的。如图 5.2 所示,H_{i1} 表示工序 i 的可接受平台放置高度最高点的绝对高度,H_{i2} 表示工序 i 的最优平台放置高度最高点的绝对高度,H_{i3} 表示工序 i 的最优平台放置高度最低点的绝对高度,H_{i4} 表示工序 i 的可接受平台放置高度最低点的绝对高度。

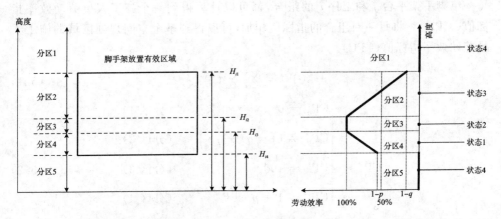

图 5.2　脚手架放置的空间垂直分区及脚手架平台位置对施工人员劳动效率的影响

对于工序 i,脚手架平台放置的具体空间和工序劳动效率关系如下。

(1)当脚手架平台 j 搭设在分区 1 时,脚手架平台高于工序 i 的可接受放置高度最高点($h_j > H_{i1}$),即脚手架平台在工序 i 的可接受放置区域以外。因此,平台 j 不能支持工序 i 的操作。此时,施工人员劳动效率计为 0。

(2)当脚手架平台 j 搭设在分区 2 时,脚手架平台的高度在最优放置高度范围之外,但在可接受放置范围之内($H_{i2} < h_j \leqslant H_{i1}$)。此时,施工人员的劳动效率在 $0 \sim 100\%$ 之间。

（3）当脚手架平台 j 搭设在分区 3 时，脚手架平台的高度在最优放置高度范围以内（$H_{i3} \leqslant h_j \leqslant H_{i2}$）。此时，施工人员劳动效率达到最高。

（4）当脚手架平台 j 搭设在分区 4 时，脚手架平台的高度在最优放置高度最低点以下，并在可接受放置高度最低点以上（$H_{i4} \leqslant h_j < H_{i3}$）。此时，施工人员劳动效率受平台高度和最优放置高度之间距离的影响。

（5）当脚手架平台 j 搭设在分区 5 时，脚手架平台的高度在工序 i 的可接受放置高度最低点以下（$h_j < H_{i4}$），平台 j 不能支持工序 i 的操作。此时，施工人员劳动效率为 0。

本研究对现有关于操作高度与施工人员劳动效率的影响研究进行了分析对比[186-188]，根据 Stino 等学者的研究[188]，发现施工人员劳动效率随脚手架平台与最优放置高度之间距离的增加而降低。假设施工劳动效率在施工效率最高的区域为100％，在可接受高度范围的最低点，劳动效率由 100％ 降低了 p；在可接受高度范围最高点，劳动效率降低了 q。此外，还假定施工人员劳动效率随操作高度的变化而发生线性变化。

本研究以脚手架放置规则和平台在不同垂直高度（h_j）时的施工人员劳动效率变化为依据，建立了优化模型，并利用该模型计算了施工人员劳动效率指标。对于每一组脚手架平台 j 和工序 i 的组合，都可以计算得到一个施工人员劳动效率指标值（CP_{ij}^z）。将每一对组合的指标值相加，可以得到整个空间规划区域的施工人员劳动效率指标值（CPC）。

$$\text{CPC} = \sum_{j=1}^{J} \sum_{i=1}^{I} \text{CP}_{ij}^z \tag{5.1}$$

$$\text{CP}_{ij}^z = \begin{cases} \text{CP}_{ij}^1 = 0 & \text{（分区 1）} \\ \text{CP}_{ij}^2 = (1-q) + q \cdot \dfrac{d_{ij}}{h_{i1}} & \text{（分区 2）} \\ \text{CP}_{ij}^3 = 100\% & \text{（分区 3）} \\ \text{CP}_{ij}^4 = 1 - p \cdot \dfrac{d_{j3}}{h_{i3}} & \text{（分区 4）} \\ \text{CP}_{ij}^5 = 0 & \text{（分区 5）} \end{cases} \tag{5.2}$$

式中，i 表示第 i 个工序；j 表示脚手架系统第 j 个平台；I 表示工序的总数；J 表示脚手架系统搭建的平台总数；CP_{ij}^z 表示执行工序 i 时在平台 j 的支撑下在分区 z 中的施工人员劳动效率指数；d_{ij} 表示平台 j 和工序 i 的可接受放置最高高度之间的垂直距离；h_{i1} 表示工序 i 的脚手架可接受放置最高高度和最优放置最高高度之间的距离；d_{j3} 表示平台 j 和工序 i 的最优放置高度 H_{i3} 之间的距离；h_{i3} 表示工序 i 的脚手架可接受放置最低高度和最优放置最低高度之间的距离。

2. 脚手架系统不能支持的工序数量最小化

为了减少脚手架系统的迁移和重复安装成本，应在搭建脚手架系统时，使脚手架平台可以支持尽量多的工序。通过优化算法,可以将每一层平台的高度优化到最佳放置位置,以减少不能被脚手架支持的工序数量。为此,模型中建立了新的评价指标——不能支持工序指标(unsupported tasks criterion,UTC)。工作面和脚手架平台之间的垂直空间关系如图5.3所示,A_1,A_2,$\cdots$,A_7表示一定空间包含的待执行工序。UTC可以帮助测算不能支持的工序数量与所有待执行工序总数的比例。

$$UTC = \sum_{j=1}^{J} \sum_{i=1}^{I} \delta_{ij} \tag{5.3}$$

式中,δ_{ij} 是一个二值变量,用于表示某一平台 j 是否可以支持特定工序 i。

$$e_{ij} = \sqrt{(h_i - h_j)^2}, (h_i > h_j) \tag{5.4}$$

式中,e_{ij} 表示工序 i 的工作面高度与脚手架平台 j 放置位置之间的垂直距离;h_i 表示工序 i 的工作面的绝对高度;h_j 表示平台 j 的绝对高度。用 u_{i1} 表示工序 i 的工作面高度到平台最高可放置位置的距离;用 u_{i2} 表示工序 i 的工作面高度到相应的平台最低可放置位置的距离,如果 $u_{i1} \leqslant e_{ij} \leqslant u_{i2}$,则 $\delta_{ij} = 0$;否则,$\delta_{ij} = 1$。

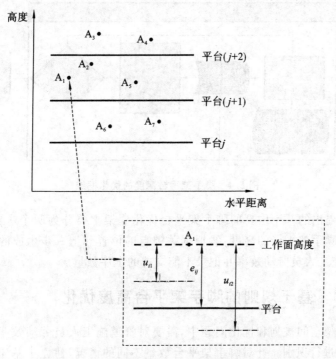

图5.3 工作面和脚手架平台之间的垂直空间关系

当 $\delta_{ij} = 1$ 时,说明平台 j 不能支持工序 i 的操作,平台 j 的搭建位置在能够支持工序 i 的平台可放置高度范围之外。当 $\delta_{ij} = 0$ 时,说明平台 j 可以支持工序 i 的操作,平台 j 的搭建位置在工序 i 的平台可放置高度范围之内。

5.2.2　基于仿真的脚手架系统优化框架

在上述多目标优化模型的基础上,本节建立了每一层脚手架平台高度优化的仿真框架。针对 3D/4D 模型中的施工工作区,可以提取出相关工序的关键点坐标作为优化框架中的输入信息,相关工序指工作区内待执行的所有工序,关键点指相关工序工作面的几何中心点。

该仿真框架的理想优化目标之一是使所有工作面都可以被脚手架系统支持,即减少不能支持的工序数量(UTC)。而另一个目标则是实现施工人员劳动效率(CPC)的最大化,使施工人员尽量能够以最舒适的姿势完成工序的操作。因此,优化框架的核心问题是识别脚手架设计(平台高度、平台数量)和两个目标之间的对应关系。

为了解决优化框架的核心问题,本研究提出了基于仿真的脚手架平台高度的优化框架,脚手架平台高度的优化框架如图 5.4 所示。

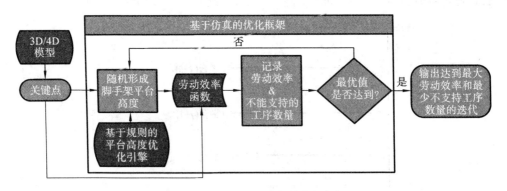

图 5.4　脚手架平台高度的优化框架

本章所提出的基于仿真的脚手架平台优化框架主要分为两个步骤:①仿真模块随机生成脚手架平台的高度;②根据关键点的位置和上一步生成的脚手架平台高度,计算施工人员劳动效率并记录不能支持的工序数量。

5.2.3　基于规则的脚手架平台高度优化

在脚手架空间规划和优化问题中,需要对管道施工人员劳动效率和平台数量之间的关系进行识别。针对脚手架平台数量不同的情况,建立了基于给定规则的脚手架平台高度优化模块(如图 5.5 所示)。该模块可帮助决策者对施工人员劳动效率和脚手架平台数量之间的关系进行识别。此外,通过明确模块中的优化目标和约束条件,可实现不同脚手架空间规划方案的仿真试验。该优化模块中应用的空间约束条件和规则包括以下内容。

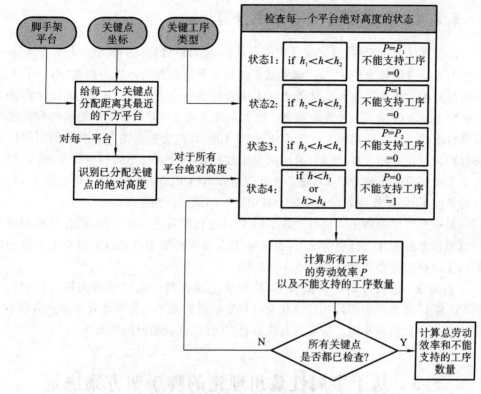

图5.5   对于给定平台高度的管道施工人员劳动效率计算框架

（1）相邻两平台间的最短距离（$h_{\min}$）。

相邻两平台间的最短距离应与施工人员平均身高相当，即两个相邻平台之间的最短距离不能小于施工人员的身高，否则施工人员将没有足够的空间完成施工活动。因此，脚手架平台数量的最大值应该为最高关键点工作面的绝对高度（$H_{\max}$）与平台最短距离（$h_{\min}$）的比值：

$$N_{\max} = \{ H_{\max}/h_{\min} \} \tag{5.5}$$

$N_{\max}$的计算结果取向下取整后的整数值，表示可以搭建脚手架平台数量的最大值。

在仿真优化过程中，主模块会分析从搭建一层平台到搭建$N_{\max}$层平台的所有可行的脚手架平台方案，并进行平台高度的优化。

（2）平台最大可接受高度（$h_{\max}$）。

平台的最大可接受高度通过$H_{\max}$和平台总数（N）计算确定。两平台之间的最大可接受高度可以通过下式计算。

$$h_{\max} = H_{\max}/(N-1) \tag{5.6}$$

式中，$H_{\max}$为最高工作面的绝对高度。

5.2.4　工序的总劳动效率计算

在仿真试验过程中,每完成一次仿真试验,都可以计算得到模型中每一个工序的施工人员劳动效率(CP_{ij}^z)。脚手架系统的平台被放置在不同的高度,每一个工作面被分配给比该工作面低且距离该工作面最近的一个平台。此时,可以计算在该平台支持下的施工人员劳动效率。施工人员劳动效率是根据工序的属性和类型计算得出的。计算管道施工人员劳动效率(CP_{ij}^z)时,会根据图5.5所示的四种状态分别进行检查和计算,例如,工作面如果放置在平台支持不到的空间范围内(如图5.2中的分区1和分区5),施工人员劳动效率(CP_{ij}^z)为零(图5.5中的状态4)。这种情况下,该工作面对应的工序会被记录为不能支持的工序。

每一个工序的施工人员劳动效率(CP_{ij}^z)之和即为总劳动效率,优化过程需要使该目标值最大化。理想情况下,最大施工人员劳动效率(CPC)为所有工序数与每一工序最大劳动效率(即100%)的乘积。

当完成一定数量的仿真试验后,模块会记录下每一次试验的关键评价指标(CPC和UTC),然后提取出仿真优化过程中获得的施工人员劳动效率最大值和不能支持工序数的最小值。仿真试验次数越多,优化耗费的时间则越长。

5.3　基于多属性效用理论的脚手架方案决策

5.3.1　多属性效用理论

多属性效用理论(MAUT)由Keeney和Raiffa于18世纪提出,在期望效用理论(expected utility theory)的基础上,该理论针对优化问题中存在多个属性的问题进行决策[189]。MAUT通过分析各种可选方案,对各个指标表现良好的方案进行识别,并结合决策者的个人偏好得出不同方案的综合效用值。该方法是一种逻辑性强且应用广泛的多指标决策方法。

5.3.2　不同脚手架方案间的决策问题

在对不同脚手架空间规划方案进行选择时,决策者不仅需要考虑单一因素指标,还需要权衡工作输入和工作输出。直接工作输出包括管道施工人员劳动效率和脚手架系统可支持的工序数量,而间接工作输入包括脚手架系统搭建和拆除过程所需的劳动工时。项目计划阶段涉及的属性指标之间的相对重要性是未知的,即属性指标的权重未知。因此,需要建立一种可以兼顾项目决策者的偏好以及指标权重未知性的分析方法。本节依据多属性效用理论,对此类方法的建立进行了相应探索和研究[190]。

为了获得脚手架空间规划的最优方案,可以对所有指标权重的不同组合情况进行分析,并对各情况下的相应规划方案进行评价和比较。在本研究中,基于MAUT的决策主要通过以下步骤来实施:①判断决策属性;②提出所有潜在的最优方案;③计算单一效用函数和复合效用函数;④通过仿真进行敏感性分析。各步骤的详细内容如下所述。

(1) 判断决策属性。

在多属性效用理论中,需要对方案的相关属性进行评价。如图 5.6 所示,本研究中脚手架空间规划方案决策包括三个相关属性:管道施工人员劳动效率、脚手架不能支持的工序数量以及脚手架搭建劳动力投入成本。

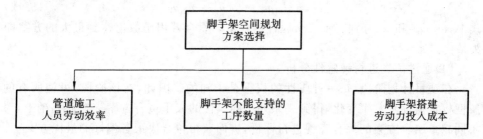

图 5.6　脚手架空间规划方案决策的属性指标

(2) 提出所有潜在的最优方案。

通过仿真优化过程,模块可以输出与所有不同情况(从 1 层平台到最大数量平台)分别对应的脚手架最优规划方案。此外,模块还可以输出每一个与备选方案相对应的管道施工人员劳动效率指标和脚手架不能支持的工序数量指标。

(3) 计算单一效用函数和复合效用函数。

在多属性效用理论中,指标聚合方法主要包括加和方法和乘积方法。在本研究中,待评价方案的效用函数可以通过加和方法进行计算。

$$u(X) = \sum_{i=1}^{n} k_i u_i(x_i) \tag{5.7}$$

式中,x_i 表示某一方案在属性 i 上的表现;$u_i(x_i)$ 表示属性 i 的单一属性效用函数,其取值在 0 到 1 之间;k_i 表示属性 i 的权重,$0 \leqslant k_i \leqslant 1$。$n$ 个属性的权重加和为 1,即 $\sum_{i=1}^{n} k_i = 1$。

在多属性效用理论中,单一效用函数的风险态度有三种类型:风险积极、风险中性和风险规避[191]。本研究应用了风险中性效用函数,该函数通过下式定义。

$$u_i(x_i) = a_i x_i + b_i \tag{5.8}$$

$$u_N = \frac{N^+ - N}{N^+ - N^-} \tag{5.9}$$

$$u_P = \frac{P - P^-}{P^+ - P^-} \tag{5.10}$$

$$u_S = \frac{S^+ - S}{S^+ - S^-} \tag{5.11}$$

式中,N、P 和 S 分别表示不能支持工序的属性、管道施工人员劳动效率属性和脚手架劳动力投入成本属性。N^+ 和 N^- 分别表示所有备选方案中脚手架不能支持的工序数量的最大值和最小值;P^+ 和 P^- 分别表示所有备选方案中管道施工人员劳动效率的最大值和最小值;S^+ 和 S^- 分别表示所有备选方案中脚手架劳动力投入成本的最大值和最小值。

复合效用属性可以通过下式计算。

$$U = w_N u_N + w_P u_P + w_S u_S \tag{5.12}$$

式中,w_N,w_P 和 w_S 分别表示三个属性的权重。复合效用函数值达到最大的方案即为最优方案。

(4)通过仿真进行敏感性分析。

在项目计划阶段,每一种属性的权重是未知的。因此,在该阶段,可使所有的属性权重值逐步发生变化,得到一系列不同属性的权重组合方案。在此基础上,对不同权重组合方案的综合表现进行评价,进而获得符合决策者偏好的最优方案。

5.4 脚手架空间优化方法应用实例

5.4.1 案例背景

本节以三维工业管道模型为优化对象,采用的模型从实际工业项目模型中提取。该管道工程的总高度为 21 m,共包含 71 个关键的管道安装和连接工序,工程中涉及不同直径的管道以及不同类型的管道施工工序。通过使用本章建立的优化方法,可对三维管道模型开展脚手架平台高度的多目标优化和仿真模拟。图 5.7 和图 5.8 分别为该管道模型的三维空间结构和二维侧视图。

在该工程的施工过程中,脚手架系统需要在工序工作面周围为施工人员提供一定范围的工作空间,并为不同高度的工序操作提供支持。为了降低与脚手架反复挪动及重新安装相关的项目成本投入,在进行脚手架规划时应致力于提高管道施工人员的劳动效率,并增加脚手架系统能够支持的工序数量。优化过程的目的是对该项目案例中的所有工序进行工作空间需求分析,并提出满足空间需求的脚手架规划方案。因此,规划人员需要对各脚手架平台的高度进行合理优化,以获得最优的空间规划方案。

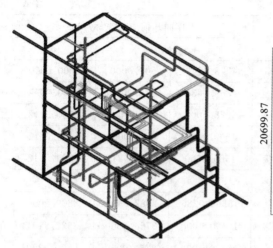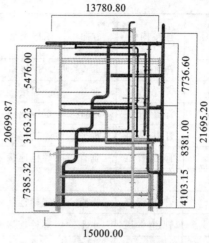

图 5.7　案例模型的三维空间结构　　　　图 5.8　案例模型的二维侧视图(单位:mm)

5.4.2　脚手架规划的最优方案生成

将三维管道模型中提取出的每一个相关工作面的几何中心坐标,作为仿真优化过程的输入数据。对于每一个需要计算的工作面,其相应的工序和对应属性也可以从模型中提取出。这些属性主要包括工序连接构件信息、工作面的方向、工序的类型和工作面坐标等。表 5.1 展示了从三维模型中提取出的部分工序信息。通过本章提出的优化算法和模型,可以对这些信息进行计算分析,生成脚手架最优规划方案。

表 5.1　优化过程的工作面输入信息

序号	连接构件	方向	工序类型	工作面几何中心坐标/mm		
				x	y	z
1	管道-管道	水平	焊接	3263.7146	282.4480	1503.7264
2	管道-管道	水平	螺栓连接	3263.7146	1782.4480	5282.6000
3	管道-管道	水平	焊接	3263.7146	1782.4480	9362.3601
4	管道-管道	水平	焊接	3263.7146	1782.4480	13311.6166
5	管道-管道	垂直	螺栓连接	3781.1146	1782.4480	15800.0000
6	管道-管道	水平	焊接	4263.7146	1782.4480	17511.9965
7	管道-管道	水平	螺栓连接	4263.7146	1782.4480	20090.4709
8	管道-管道	垂直	焊接	4263.7146	690.4131	20800.0000
9	管道-管道	垂直	螺栓连接	3384.2788	3750.0000	20800.0000
10	管道-管道	垂直	螺栓连接	4273.9398	500.0000	1700.0000

续表

序号	连接构件	方向	工序类型	工作面几何中心坐标/mm		
				x	y	z
11	管道-管道	垂直	焊接	4275.9742	500.0000	2000.0000
12	管道-管道	垂直	焊接	4309.0834	425.0000	2300.0000
13	管道-管道	垂直	螺栓连接	3928.5000	1500.0000	2060.5312
14	管道-管道	水平	螺栓连接	1500.0000	1500.0000	1489.0312
15	管道-管道	垂直	螺栓连接	4500.0000	2564.6213	2060.5312
⋮				⋮		
55	管道-管道	垂直	螺栓连接	15398.0286	2982.8493	8800.0000
56	管道-管道	水平	螺栓连接	16390.4000	3750.0000	3522.8101
57	管道-管道	水平	焊接	16390.4000	3750.0000	6900.3379
58	管道-管道	水平	螺栓连接	16390.4000	3750.0000	11635.0393
59	管道-管道	垂直	焊接	15625.3520	2250.0000	13436.8037
60	管道-管道	水平	焊接	14198.0286	1760.7000	13768.2250
61	管道-管道	水平	螺栓连接	14498.0286	1913.1000	13768.2250
62	管道-管道	水平	螺栓连接	14798.0286	2065.5000	13768.2250
63	管道-管道	垂直	焊接	17152.0873	425.0000	18900.0000
64	管道-管道	垂直	螺栓连接	17152.0873	425.0000	18600.0000
65	管道-管道	垂直	螺栓连接	17152.0873	425.0000	18300.0000
66	管道-管道	垂直	焊接	13122.1770	2250.0000	17436.8037
67	管道-管道	水平	焊接	16390.4000	3750.0000	19580.5401
68	管道-管道	垂直	螺栓连接	2955.3623	1195.2000	8457.4049
69	管道-管道	垂直	螺栓连接	5581.1146	1782.4480	15800.0000
70	管道-管道	水平	焊接	11107.9520	2250.0000	17922.5787
71	管道-管道	水平	螺栓连接	16107.9520	2250.0000	9919.4037

　　根据工作面高度和脚手架平台放置高度之间的空间关系,可以明确与脚手架放置规则相关的参数,这些参数被直接存储在数据库中,用于后续的优化计算。与人体各部位绝对尺寸相关的参数需参考人体测量统计数据[179],本研究以美国人体测量统计数据为依据,确定了最低身高,最高身高,平均身高,身高标准差,第5、50和95百分位身高值等参数。对于无法从统计数据直接获取的参数,可根据人体肢段参数(如人体各个部分的比例)[172]和身高值进行推算,从而获得绝对尺寸值。参数的统计测量结果见表4.9。

在基于规则的优化模块中,需输入关键工作面的位置高度信息和每种类型工序的脚手架放置规则参数,包括每一个工序的脚手架最高放置高度(HPH)、最低放置高度(LPH)、最高最优放置高度(HOPH)和最低最优放置高度(LOPH),以建立优化规则并进行指标的优化。

根据优化模块的仿真试验生成的不同脚手架平台方案,管道模型中的最高工作面是第 46 个工作面,其高度是 20.2991 m;美国成年男性平均身高为 1.7558 m,通过这两个数据计算确定了脚手架平台的数量最多为 11(由"20.2991/1.7558≈11.6"向下取整得到)。针对 1 层平台脚手架系统到 11 层平台脚手架系统的所有潜在优化方案,优化模块可以输出每一层脚手架平台的最优高度。通过本章建立的优化模块,可以计算并记录最大管道施工人员劳动效率和不能支持工序数量,并通过改变模块中预设的平台总数,提出共计 11 个最优方案。

仿真模块输出的脚手架平台优化方案及其仿真试验结果如图 5.9 所示,选取 1 层平台、5 层平台、11 层平台的三个优化方案进行展示。

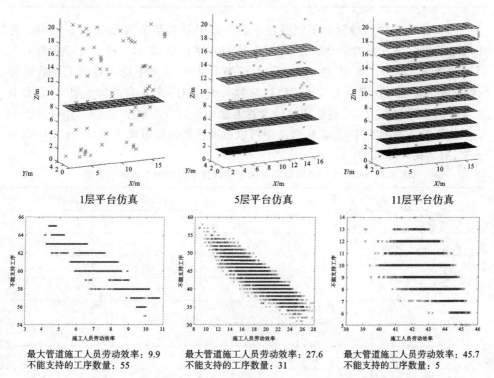

1层平台仿真	5层平台仿真	11层平台仿真
最大管道施工人员劳动效率:9.9 不能支持的工序数量:55	最大管道施工人员劳动效率:27.6 不能支持的工序数量:31	最大管道施工人员劳动效率:45.7 不能支持的工序数量:5

图 5.9 仿真模块输出的脚手架平台优化方案及其仿真试验结果

通过 5000 次仿真试验,模块对脚手架的平台高度进行了优化。对于给定的脚手架平台数量,如平台数量为 11 层,模块会记录 5000 次仿真试验中的最优方案,即管道施工人员劳动效率为 45.7 和不能支持的工序数量为 5 的试验方案。当输入的平台总数为其他数值时,优化模块也会输出相应的最优试验方案。

在优化模块输出的 11 个最优方案中(分别对应平台总数从 1 到 11 的情况),模块可以记录每一个最优方案的优化指标值。表 5.2 所示为脚手架平台数量为 5 层时的优化结果。在给定脚手架平台数量为 5 层的仿真试验中,能达到的最大管道施工人员劳动效率为 27.6,不能支持的工序数量为 30,同时可以输出不能支持的工序 ID。

表 5.2　5000 次仿真试验输出的 5 层脚手架系统结果

参数	值
最大管道施工人员劳动效率	27.6
不能支持的工序数量	30
不能支持的工序 ID	11,17,19,24,39,26,23,52,53,58,68,5,35,36,69,7,8,9,37,44,45,46,47,48,49,50,63,64,65,67
平台的优化高度/m	1.807,5.634,8.363,12.469,16.337

5000 次仿真试验得到的不同数量平台的脚手架最优方案如表 5.3 所示。表中展示了每一个方案的平台层数、不能支持的工序数量(UTC)和最大管道施工人员劳动效率(CPC)。比如,搭建 1 层平台的脚手架时,方案不能支持的工序数量为 55,能达到的最大管道施工人员劳动效率为 9.9;搭建 2 层平台的脚手架时,方案不能支持的工序数量为 46,能达到的最大管道施工人员劳动效率为 16.2。对于脚手架系统不能支持的工序,在实际施工中可以借助其他临时设施来完成,比如移动脚手架、剪叉式升降机等。

表 5.3　5000 次仿真试验得到的不同数量平台的脚手架最优方案

平台数量	不能支持的工序数量	最大管道施工人员劳动效率
1	55	9.9
2	46	16.2
3	41	18.9
4	34	25.2
5	31	27.6
6	26	29.2
7	21	33.6
8	14	35.9
9	9	40.6
10	5	41.2
11	5	45.7

图 5.10 展示了 11 个最优方案中最大管道施工人员劳动效率和不能支持的工序数量的关系和变化趋势。由表 5.3 可知,当脚手架平台搭建的层数越多时,管道施工人员劳动效率也越高,不能支持的工序数量也越少。虽然管道施工人员劳动效率和不能支持的工序数量两个指标都会随着脚手架系统层数的增加而得到优化,但脚手架系统的层数增加必然会导致脚手架成本以及搭建脚手架的劳动力投入成本的增加。如果决策者选择第 11 个优化方案,即搭建 11 层脚手架平台的优化方案,此时的脚手架成本投入相对较大。因此,管道施工人员劳动效率、不能支持的工序数量和脚手架劳动力投入成本之间是相互矛盾的。本研究将脚手架劳动力投入成本作为第三个评价指标,建立了多属性的权衡分析模型,辅助决策者进行最终的决策。

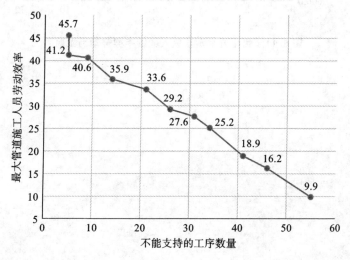

图 5.10　最优方案中最大管道施工人员劳动效率和不能支持的工序数量之间的关系和变化趋势

5.4.3　脚手架劳动力投入成本的权衡分析

考虑脚手架系统的劳动力投入成本后,决策问题就变成了三指标优化决策问题。因此,本研究提出了基于多属性效用理论的决策权衡分析方法。首先,依据工作空间需求和管道模型中关键工作面的坐标,计算出脚手架平台的水平尺寸。然后可根据传统单管脚手架在搭建和拆除过程中的劳动效率[192],估算出每一个方案所需投入的劳动力工时,如图 5.11 所示。

依据不能支持的工序数量、管道施工人员劳动效率和脚手架劳动力投入成本这三个指标,仿真试验一共得到了 110 个优化方案(所有方案经过 1000 次、2000 次到 10000 次仿得到)。图 5.12 展示了所有最优方案中三个指标之间的 3D 可视化关系。

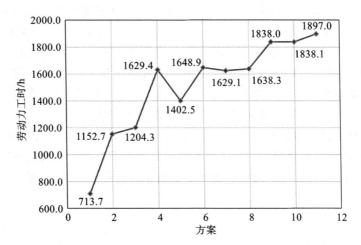

图 5.11 优化方案需要投入的脚手架劳动力工时

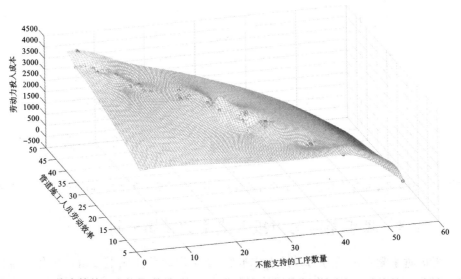

图 5.12 不能支持的工序数量-管道施工人员劳动效率-脚手架劳动力投入成本的 3D 权衡分析

　　由于存在多个潜在最优方案,项目管理人员难以从备选最优方案中直接选择出最适合的方案。为解决该决策问题,可以将这三个指标作为三个决策属性,并以此为基础建立基于多属性效用理论的优化模型。在使用多属性效用决策方法进行数据分析前,所有备选方案的指标数据需要通过式(5.9)~式(5.11)进行归一化处理。归一化后的指标数据如表 5.4 所示。

表 5.4　三个决策属性归一化后的指标数据

脚手架层数	不能支持的工序数量	最大管道施工人员劳动效率	脚手架劳动力投入成本
1	0	0.0000	1
2	0.18	0.1757	0.8189
3	0.28	0.2503	0.7378
4	0.42	0.4270	0.5385
5	0.48	0.4812	0.5454
6	0.58	0.5396	0.4027
7	0.68	0.6624	0.3441
8	0.82	0.7281	0.2763
9	0.92	0.8585	0.1484
10	1	0.8741	0.0835
11	1	1.0000	0

　　将归一化处理的数据根据式(5.12)进行计算,可以得到该模型的复合效用函数值。考虑到三个属性的权重具有不确定性,本研究进一步完成了敏感性分析,避免因人为偏好导致的权重数据不客观和结果不准确的情况。

　　仿真模块中生成的相关属性指标存在多种权重组合方式,对于每一个权重组合,使复合效用函数值达到最高的方案即为决策者需要的最优方案。任意五组权重组合情况下的指标属性复合效用函数值如图 5.13 所示。

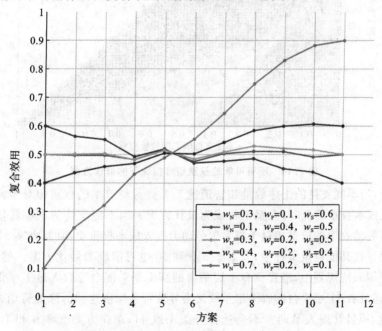

图 5.13　任意五组权重组合情况下的指标属性复合效用函数值

例如,对于权重组合 $w_N=0.3, w_P=0.2, w_S=0.5$ 的情况,所有方案中最大复合效用函数值达到最大(函数值为 0.5298)的方案是第 8 个方案。因此,在该权重组合条件下,搭建 8 层平台的脚手架规划方案是最优方案。在不同的权重组合条件下,最大复合效用函数值达到最大的方案也可能不同,因此,还需要分析所有权重组合条件下的最优方案。

所有可能的权重组合情况下的最优方案如图 5.14 所示。图中 x 和 y 坐标分别表示不能支持的工序数量的属性权重和管道施工人员劳动效率的属性权重。对于任意 (x,y) 点,脚手架劳动力投入成本属性权重则为 $(1-x-y)$。由图 5.14 可知,没有任何权重组合可以使方案 2、3、4、6 和 7 成为最优方案。因此,在方案选择时可以直接排除 2、3、4、6 和 7 这五种方案。

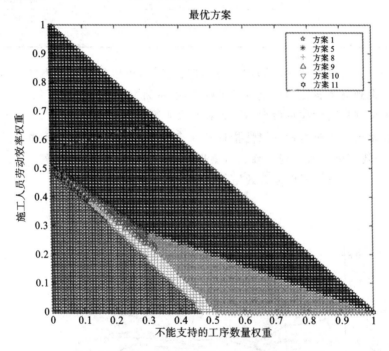

图 5.14 所有可能的权重组合情况下的最优方案

此外,当不能支持的工序数量和管道施工人员劳动效率的权重相对于脚手架劳动力投入成本权重更低时,方案 1 将成为最优方案。当不能支持的工序数量和管道施工人员劳动效率的权重相对于脚手架劳动力投入成本权重更高时,方案 11 将成为最优方案。在其他权重组合中,方案 5、8、9 和 10 也可能成为最优方案。然而,在实际的脚手架系统规划中,搭建只有 1 层平台的脚手架系统会导致大量工序得不到支持,而搭建具有 11 层平台的脚手架系统又会导致脚手架搭建和拆除的劳动力成本过高。因此,项目管理人员通常不会选择方案 1 或 11,而在方案 5、8、9 和 10 中进行选择。

5.5 本章小结

本章建立了脚手架系统的空间优化模型。在识别临时设施和工序工作空间的空间关系的基础上,以实际管道工程为例进行了脚手架系统的空间优化。本章还建立了脚手架空间优化框架,包括基于仿真的多目标优化方法和基于多属性效用理论的多目标权衡分析方法,并进行了脚手架优化方案的决策研究。通过案例分析的优化结果验证了该方法的有效性。此外,本章中决策敏感性分析方法的建立也为最终优化方案的确定提供了参考和支持。本章的主要结论如下。

(1) 进一步建立了脚手架空间优化的多目标优化模型,优化目标包括管道施工人员劳动效率的最大化和不能支持的工序数量的最小化。在多目标优化模型的基础上,构建了基于规则的优化模块。该模块可通过计算输出多个潜在的最优方案,将空间优化问题转化成多目标数学优化问题。为了尽量减小脚手架的劳动力投入成本,在最终决策过程中添加了脚手架劳动力投入成本指标,建立了基于MAUT的决策模型,为项目规划和管理人员提供决策参考。

(2) 提出了基于模型的仿真优化方法,并将该方法应用到管道施工项目的脚手架规划实例中。通过案例分析验证了该方法的有效性和准确性,且该仿真模块可以输出脚手架平台的所有优化方案,并实现方案的可视化。

(3) 本章建立的优化模块系统和工程设计模型(3D/4D/BIM)是相互独立的,所建立的仿真模块可以直接利用工程模型提取出的工序及工作面信息,来对脚手架系统进行有效的空间规划。

6 结论与展望

　　建设工程项目施工现场的工作空间是影响项目施工效率、工程进度和项目成本等项目目标的重要因素。施工人员在执行各个工序时，需要有足够的工作空间来完成工序操作。在工程项目中，为了保证施工的正常进行，施工现场通常需要搭建临时设施（如脚手架、塔式起重机等）来支持各工序的操作。搭建的临时设施可以辅助施工人员完成高处的工序，并为施工人员提供该工序相应的工作空间。同时，临时设施的合理规划在提升施工人员劳动效率和施工劳动产出等方面均有重要作用。然而，现有的施工现场临时设施布局空间规划和空间优化相关的研究尚需深入，工序工作空间需求和临时设施之间的空间关系还有待进一步研究。本书以工作空间为研究对象，提出了施工现场临时设施空间宏观布局的优化和决策方法，并在结合具体工序的工作空间需求基础上，确定了工作空间与临时设施平台之间的空间关系，分析了临时设施位置对项目施工的影响。此外，本书还提出了临时设施平台位置的空间优化方法，该方法有助于提升项目的空间管理水平及项目总体的施工劳动效率。

6.1 结　　论

　　本书从临时设施的空间管理和优化出发，分析了工作空间与临时设施之间的空间关系，对施工现场脚手架系统的空间优化问题进行了研究，研究结论如下。

　　（1）本书建立了工程项目现场临时设施空间布局规划的决策指标体系，识别了影响施工现场宏观空间布局的相关因素。在总结以往临时设施空间优化的相关文献和理论基础上，对决策因素进行了详细分析，建立了影响空间布局的双层指标体系。基于网络分析法的基本理论，建立了相关决策网络结构，并通过多目标空间优化模型对施工现场临时设施的空间布局进行决策。本书通过问卷调查的方式，对各指标重要性进行比较和判断，得到了指标权重的未加权超矩阵和加权超矩阵等。为进一步确定权重变动对决策结果的影响，本书采用基于单次单因子法（OAT）的敏感性分析法进行了仿真模拟。当主变化指标的权重在一定范围内变化时，通过仿真模拟可以得到最优方案的变化结果。仿真实验的结果表明，该方法可以为决策者提供最优方案的决策参考，并有效帮助决策者排除不可能达到最优的方案。

（2）本书识别了具体施工工序所需的工作空间需求，分析了影响工序操作空间需求的主要因素。本书在水平和垂直两个方向上，对工作空间需求的相关参数进行了定义，建立了工序的空间需求包络模型，并结合人类学统计数据和人体肢段参数理论，对包络模型的具体参数进行了测算。通过所提出的几何空间推理方法，能够有效分析工序空间需求与临时设施平台之间的空间关系，建立脚手架平台放置的空间规则，为临时设施的空间优化提供理论基础。

（3）本书分析了不同的脚手架平台位置对管道施工人员劳动效率及平台利用率的影响。为了给施工人员提供符合人体工程学的舒适施工环境，实现直接工作产出的最大化，本书将脚手架系统的三维空间优化问题转化成多目标优化问题，建立了基于模型的脚手架空间优化模块。仿真试验结果表明，脚手架平台的高度可以通过工程模型中包含的工序属性信息和工序的工作空间需求来进行优化，实现工序施工人员劳动效率最大化和不能支持的工序数量的最小化。本书建立的多目标优化仿真方法，可有效为项目管理者提供脚手架平台潜在最优方案，提高临时设施规划决策的效率。

（4）针对不同的脚手架空间优化方案，将临时设施的搭建成本作为新的指标加入方案权衡的决策过程，并提出了基于多属性效用理论（MAUT）的决策模型。为实现直接工作产出的最大化和间接工作投入的最小化，本书建立了针对工序施工人员劳动效率、不能支持的工序数量、脚手架劳动力投入成本的多目标权衡分析模型。在不施加决策者任何个人偏好的情况下，进行了指标权重的敏感性分析。结果表明，该方法能够全面分析不同权重组合条件下各备选最优方案成为最终决策方案的可能性，为项目管理者提供有效的临时设施空间决策方法。

6.2 创 新 点

（1）本书为了解决宏观的项目临时设施空间管理问题，提出了基于网络分析法和单次单因子法（OAT）的临时设施空间布局优化决策方法。

建设工程项目需要大量临时设施为工序施工、材料设备的运输和储存等提供必要的工作空间、存储空间及运输路径。进行临时设施空间布局时，需考虑的主要指标为项目的安全性、成本和施工劳动效率等，这些主要指标还包含一系列子指标。但目前的空间优化方法通常只关注其中的两个或三个指标，很难对相关影响指标进行全面的分析。本书针对性地提出了基于网络分析法的临时设施空间布局多指标决策方法，确定了指标的相对重要性排序，全面识别了临时设施空间布局规划的相关影响因素及指标，建立了空间决策的双层指标体系。此外，为了帮助项目管理人员进行方案的选择和决策,本书提出了基于 OAT 的指标敏感性分析法,帮助决策者排除不可能成为最优方案的备选方案,并输出备选方案中的潜在最优方案。该方法的应用可有效提高项目的空间管理水平,节约项目成本并提高施工人员的劳动效率。

(2)本书提出了具体工序的工作空间需求识别方法,建立了工序工作空间需求包络模型,结合人类学和人体肢段参数理论确定了需求模型的相关参数值。

在工程项目的施工过程中,施工人员需要足够的工作空间来执行工序操作。不同类型的工序对工作空间的需求是不同的。本研究针对管道工程中涉及的不同工序进行了三维空间需求识别,从水平和垂直两个方向上对空间需求进行了详细的定义。结合人类统计数据和人体肢段参数理论,对空间需求进行了统计、量化和精确计算,将需求的语义描述转换为绝对尺寸。此外,本书完成了工作空间和临时设施平台位置之间的空间关系推理,为临时设施的空间优化提供了理论基础。

(3)本书从工序的工作空间需求出发,提出了基于模型的临时设施脚手架系统多目标仿真优化方法。

脚手架系统作为施工现场重要的临时设施,可以为施工人员提供工作空间以支持工序操作。目前,施工现场脚手架的搭建主要依靠过去的施工经验,脚手架搭建的规划方案缺乏科学指导。不合理的脚手架布置方案可能会导致施工人员的工作空间不充足、操作姿势不舒适、劳动效率低的问题。现有关于脚手架系统和工序之间空间关系的研究依然未能提供有效的脚手架空间优化方法。因此,本研究在考虑每个工序工作空间需求的基础上,建立了脚手架放置的空间规则,提出了不同平台高度的多目标优化模型,并创建了基于模型的仿真优化模块。在同时考虑直接工作的施工人员劳动效率、不能支持的工序数量和脚手架劳动力投入成本等多个优化目标的情况下,对潜在优化方案进行了基于多属性效用理论的权衡分析,为临时设施空间优化及优化方案选择提供了理论和方法指导。

6.3　展　　望

本书针对建设工程项目的临时设施空间管理问题,提出了有效的空间优化和方案决策方法,并通过基于模型的仿真过程对方法进行了验证。但由于各种客观条件的限制,本书的研究工作仍存在一定的不足。在后续的研究中应开展如下工作。

(1)本书的工序工作空间需求研究主要针对管道安装工程中涉及的工序。此外,本书在方法验证过程中所采用的分析案例也主要与工业管道施工项目相关。因此,对于其他类型的工程项目(如民用建筑和钢结构施工项目)所涉及的工序工作空间需求及脚手架的空间优化问题,还需要进一步研究。本书提出的方法中利用的工作面信息提取自 3D 管道模型。随着 BIM 技术的发展,未来可以尝试从 BIM 模型中直接提取工序信息和工作面信息,进行临时设施的空间优化。

（2）实际工程项目的实施过程比仿真模拟过程的复杂性更高。本书建立的脚手架多目标空间优化模型主要考虑了直接工作中的劳动输出和间接工作中与脚手架安装拆除相关的劳动力投入。而在实际的工程项目管理问题中,如高速公路、高速铁路、地铁项目中,可以将其他目标（指标）也加入优化模型,如临时设施的安全性、对环境的影响等指标,并结合绿色施工的相关理念和相关指标进行综合考虑。因此,在后续的研究中可以进一步丰富模型中的指标类型、约束条件和算法来对模型进行拓展。

（3）在工程项目中,考虑到不同临时设施的投入成本和作用各不相同,对项目整体的工期、成本、质量和安全性等方面的影响也不同。因此,在后续研究中,可以将不同临时设施对项目目标的影响进行量化研究,从而形成更符合实际施工情况的布局优化方案。

（4）本研究在进行空间需求参数计算时采用的人类统计数据为美国人体测量数据,后续的研究可以参考中国以及其他国家地区的人体测量数据,结合不同国家、地区的人类统计数据进行脚手架投入成本的对比研究。

参 考 文 献

[1] 赵峰,王要武,金玲,等.2017 年建筑业发展统计分析[J].工程管理学报,
      2018,32(03):1-6.

[2] 中华人民共和国国家统计局.2015 年农民工调查监测报告[R].北京:中华
      人民共和国国家统计局,2016.

[3] 刁艳波.中国建筑业劳动力成本增长问题及综合评价研究[D].重庆:重庆大
      学,2014.

[4] 戴国琴.建筑业劳动力未来供给趋势及影响因素研究——基于杭州市的实
      证与分析[D].杭州:浙江大学,2013.

[5] 单大圣.我国迈向制造强国的人力资本因素分析[J].经济研究参考,2016
      (51):7-12.

[6] 杜永杰.中国建筑业农民工转化为产业工人的动力机制研究[D].重庆:重庆
      大学,2017.

[7] DAI J,GOODRUM P M,MALONEY W F,et al. Latent Structures of the
      Factors Affecting Construction labor productivity [J]. Journal of
      Construction Engineering and Management,2009,135(5):397-406.

[8] TEICHOLZ P,GOODRUM P M, HAAS C T. U S Construction Labor
      Productivity Trends,1970－1998[J]. Journal of Construction Engineering
      and Management,2000,126(2):97-104.

[9] 中华人民共和国国家统计局.中国统计年鉴 2010[M].北京:中国统计出版
      社,2010.

[10] GUHATHAKURTA S Y,J. International Labour Productivity[J]. Coastal
       Engineering Journal,1993,35(1):15-25.

[11] MCTAGUE B, JERGEAS G. Productivity Improvements on Alberta
       Major Construction Projects:Phase I-Back to Basics[M]. Alberta:Alberta
       Economic Development,2002.

[12] HORNER R,TALHOUNI B,THOMAS H. Preliminary Results of Major
       Labour Productivity Monitoring Programme[C]//Proceedings of the 3rd
       Yugoslavian Symposium on Construction Management in Cavtat,1989:18-28.

[13] SANVIDO V E. Designing Productivity Management and Control Systems

for Construction Projects[M]. California:Stanford University,1984.

[14] TOMMELEIN I D, Dzeng R-J, Zouein P P. Exchanging Layout and Schedule Data in a Real-time Distributed Environment[C]//Proceedings of 5th International Conference on Computing in Civil and Building Engineering. ASCE, 1993:947-954.

[15] CHAVADA R, DAWOOD N, KASSEM M. Construction Workspace Management:the Development and Application of a Novel nD Planning Approach and Tool [J]. Journal of Information Technology in Construction,2012,17:213-236.

[16] HANNA A S, CHANG C-K, LACKNEY J A, et al. Impact of Overmanning on Mechanical and Sheet Metal Labor Productivity[J]. Journal of Construction Engineering and Management, 2007, 133 (1): 22-28.

[17] KAMING P F, HOLT G D, KOMETA S T, et al. Severity Diagnosis of Productivity Problems—a Reliability Analysis[J]. International Journal of Project Management,1998,16(2):107-113.

[18] AHUJA H N,CAMPBELL W J. Estimating:from Concept to Completion [M]. New Jersey:Prentice Hall, 1988.

[19] BECKER T C,JASELSKIS E J,El-GAFY M,et al. Industry Practices for Estimating,Controlling,and Managing Key Indirect Construction Costs at the Project Level[C]//Construction Research Congress 2012:Construction Challenges in a Flat World. Construction Research Congress, 2012: 2469-2478.

[20] TOMMELEIN I D, CASTILLO J G, ZOUEIN P P. Space-time Characterization for Resource Management on Construction Sites[C]// Computing in Civil Engineering and Geographic Information Systems Symposium. New York:ASCE,1992:623-630.

[21] HAIFENG J,MINGYUAN Z, YONGBO Y. Analytic Network Process-Based Multi-Criteria Decision Approach and Sensitivity Analysis for Temporary Facility Layout Planning in Construction Projects[J]. Applied Sciences,2018,8(12):24-34.

[22] CHENG M,O'CONNOR J. ArcSite:Enhanced GIS for Construction Site Layout[J]. Journal of Construction Engineering and Management,1996, 122(4):329-336.

[23] LI H,LOVE P E D. Site-level Facilities Layout Using Genetic Algorithms

[J]. Journal of Computing in Civil Engineering,1998,12(4):227-231.

[24] ANUMBA C, BISHOP G. Importance of Safety Considerations in Site Layout and Organization[J]. Canadian Journal of Civil Engineering,1997, 24(2):229-236.

[25] WARSZAWSKI A, PEER S. Optimizing the Location of Facilities on a Building Site[J]. Journal of the Operational Research Society,1973,24:35-44.

[26] RODRIGUEZ-RAMOS W E. Quantitative Techniques for Construction Site Layout Planning[M]. Florida:University of Florida,1982.

[27] HAMIANI A. CONSITE:A Knowledge-based Expert System Framework for Construction Site Layout[M]. Texas: The University of Texas at Austin,1987.

[28] KHALAFALLAH A, HYARI K H. Optimization Parameter Variation: Improving Biobjective Optimization of Temporary Facility Planning[J]. Journal of Computing in Civil Engineering,2018,32(5):04018036.

[29] KUMAR S S,CHENG J C. A BIM-based Automated Site Layout Planning Framework for Congested Construction Sites [J]. Automation in Construction,2015,59:24-37.

[30] HAMMAD A, AKBARNEZHAD A, REY D. A Multi-objective Mixed Integer Nonlinear Programming Model for Construction Site Layout Planning to Minimise Noise Pollution and Transport Costs [J]. Automation in Construction,2016,61:73-85.

[31] YAHYA M,SAKA M P. Construction Site Layout Planning Using Multi-objective Artificial Bee Colony Algorithm with Levy Flights [J]. Automation in Construction,2014,38:14-29.

[32] HUANG C,WONG C. Optimization of Site Layout Planning for Multiple Construction Stages with Safety Considerations and Requirements[J]. Automation in Construction,2015,53:58-68.

[33] NING X, QI J, WU C, et al. A Tri-objective Ant Colony Optimization Based Model for Planning Safe Construction Site Layout[J]. Automation in Construction,2018,89:1-12.

[34] LEE D, LIM H, KIM T, et al. Advanced Planning Model of Formwork Layout for Productivity Improvement in High-rise Building Construction [J]. Automation in Construction,2018,85:232-240.

[35] SCHULDT S, El-RAYES K. Optimizing the Planning of Remote Construction Sites to Minimize Facility Destruction from Explosive

Attacks[J]. Journal of Construction Engineering and Management,2018,
144(5):04018020.

[36] SONG X,XU J,SHEN C,et al. Conflict Resolution-motivated Strategy
towards Integrated Construction Site Layout and Material Logistics
Planning:A Bi-stakeholder Perspective[J]. Automation in Construction,
2018,87:138-157.

[37] RAZAVIALAVI S R,ABOURIZK S. Site Layout and Construction Plan
Optimization Using an Integrated Genetic Algorithm Simulation
Framework[J]. Journal of Computing in Civil Engineering,2017,31
(4):04017011.

[38] HUO X,YU A T W,WU Z. An Empirical Study of the Variables
Affecting Site Planning and Design in Green Buildings[J]. Journal of
Cleaner Production,2018,175:314-323.

[39] 钟登华,朱慧蓉,黄伟. 水利工程施工总布置动态信息可视化方法研究[J].
水利学报,2003(8):91-95.

[40] 周友海,甘杰龙. 场地狭小的施工现场平面布置与优化[J]. 中国商界(下半
月),2010(3):375-376+389.

[41] 宁欣. 基于施工场地布置的工程项目价值优化研究[J]. 建筑经济,2010
(2):57-60.

[42] XIN N,QI J,WU C. A Quantitative Safety Risk Assessment Model for
Construction Site Layout Planning[J]. Safety Science,2018,104:246-259.

[43] NING X,LAM K C,LAM M C K. Dynamic Construction Site Layout
Planning Using Max-min Ant System[J]. Automation in Construction,
2010,19(1):55-65.

[44] 刘文涵. 基于施工现场平面布置的安全管理优化模型和算法研究[D].大
连:东北财经大学,2012.

[45] 左梦来,朱玉杰,郭伟彦,等. 基于改进 SLP 方法的建筑施工现场平面布置
[J]. 施工技术,2018,47(23):130-135.

[46] 周婷婷. 基于 SLP 和蚁群算法的建筑施工现场平面布置[D].哈尔滨:东北
林业大学,2018.

[47] 龚小虎. 施工场地设施布置优化及方案评价研究[D].南昌:华东交通大
学,2014.

[48] WARSZAWSKI A. Expert Systems for Crane Selection[J]. Construction
Management and Economics,1990,8(2):179-190.

[49] ZHANG P,HARRIS F C,OLOMOLAIYE P,et al. Location Optimization

for a Group of Tower Cranes[J]. Journal of Construction Engineering and Management,1999,125(2):115-122.

[50] SHAPIRA A, SIMCHA M, GOLDENBERG M. Integrative Model for Quantitative Evaluation of Safety on Construction Sites with Tower Cranes [J]. Journal of Construction Engineering and Management, 2012, 138 (11):1281-1293.

[51] SHAPIRA A, LYACHIN B. Identification and Analysis of Factors Affecting Safety on Construction Sites with Tower Cranes[J]. Journal of Construction Engineering and Management,2009,135(1):24-33.

[52] SHAPIRA A, SIMCHA M. AHP-Based Weighting of Factors Affecting Safety on Construction Sites with Tower Cranes [J]. Journal of Construction Engineering and Management,2009,135(4):307-318.

[53] SHAPIRA A, SIMCHA M. Measurement and Risk Scales of Crane-Related Safety Factors on Construction Sites[J]. Journal of Construction Engineering and Management,2009,135(10):979-989.

[54] TAM C M, TONG T K L, CHAN W K W. Genetic Algorithm for Optimizing Supply Locations around Tower Crane [J]. Journal of Construction Engineering and Management,2001,127(4):315-321.

[55] HUANG C, WONG C K, TAM C M. Optimization of Tower Crane and Material Supply Locations in a High-rise Building Site by Mixed-integer Linear Programming [J]. Automation in Construction, 2011, 20 (5): 571-580.

[56] LIEN L C, CHENG M Y. Particle Bee Algorithm for Tower Crane Layout with Material Quantity Supply and Demand Optimization[J]. Automation in Construction,2014,45:25-32.

[57] NADOUSHANI Z S M, HAMMAD A W A, AKBARNEZHAD A. Location Optimization of Tower Crane and Allocation of Material Supply Points in a Construction Site Considering Operating and Rental Costs[J]. Journal of Construction Engineering and Management, 2016, 143 (1):04016089.

[58] KANG S C, MIRANDA E. Planning and Visualization for Automated Robotic Crane Erection Processes in Construction[J]. Automation in Construction,2006,15(4):398-414.

[59] KANG S C, MIRANDA E. Numerical Methods to Simulate and Visualize Detailed Crane Activities[J]. Computer-Aided Civil and Infrastructure

Engineering,2009,24(3):169-185.

[60] KANG S C,CHI H L,MIRANDA E,et al. Three-Dimensional Simulation and Visualization of Crane Assisted Construction Erection Processes[J]. Journal of Computing in Civil Engineering,2009,23(6):363-371.

[61] SHAPIRA A,ROSENFELD Y,MIZRAHI I. Vision System for Tower Cranes[J]. Journal of Construction Engineering and Management,2008, 134(5):320-332.

[62] LEE G,CHO J,HAM S,et al. A BIM- and Sensor-based Tower Crane Navigation System for Blind Lifts[J]. Automation in Construction,2012, 26:1-10.

[63] LAI K C, KANG S C. Collision Detection Strategies for Virtual Construction Simulation[J]. Automation in Construction,2009,18(6): 724-736.

[64] LEI Z,HAN S H,BOUFERGUENE A,et al. Algorithm for Mobile Crane Walking Path Planning in Congested Industrial Plants[J]. Journal of Construction Engineering and Management,2015,141(2):05014016.

[65] IRIZARRY J,KARAN E P. Optimizing Location of Tower Cranes on Construction Sites through GIS and BIM Integration[J]. Journal of Information Technology in Construction,2012,17(23):351-366.

[66] WANG J, ZHANG X, SHOU W, et al. A BIM-based Approach for Automated Tower Crane Layout Planning [J]. Automation in Construction,2015,59:168-178.

[67] MALLASI Z,DAWOOD N. Assessing Space Criticality in Sequencing and Identifying Execution Patterns for Construction Activities Using VR Visualisations[C]// Simulation and Modelling in Construction. ARCOM Doctoral Research Workshop,2001:22-27.

[68] THABET W Y,BELIVEAU Y J. Modeling Work Space to Schedule Repetitive Floors in Multistory Buildings[J]. Journal of Construction Engineering and Management,1994,120(1):96-116.

[69] SIRAJUDDIN M A. An Automated Project Planner[D]. Nottingham: University of Nottingham,1991.

[70] AKINCI B,FISCHER M,KUNZ J,et al. Representing Work Spaces Generically in Construction Method Models[J]. Journal of Construction Engineering and Management,2002,128(4):296-305.

[71] RANDOLPH T H,HORMAN M J. Fundamental Principles of Workforce

Management[J]. Journal of Construction Engineering and Management, 2006,132(1):97-104.

[72] WATKINS M, MUKHERJEE A, ONDER N, et al. Using Agent-based Modeling to Study Construction Labor Productivity as an Emergent Property of Individual and Crew Interactions[J]. Journal of Construction Engineering and Management,2009,135(7):657-667.

[73] AKINCI B. Automatic Generation of Work Spaces and Analysis of Time-space Conflicts at Construction Sites [D]. California: Stanford University,2000.

[74] GUO S J. Identification and Resolution of Work Space Conflicts in Building Construction [J]. Journal of Construction Engineering and Management,2002,128(4):287-295.

[75] MALLASI Z. Dynamic Quantification and Analysis of the Construction Workspace Congestion Utilising 4D Visualisation [J]. Automation in Construction,2006,15(5):640-655.

[76] SONG Y, CHUA D K. Detection of Spatio-temporal Conflicts on a Temporal 3D Space System[J]. Advances in Engineering Software,2005, 36(11-12):814-826.

[77] THOMAS H R, RILEY D R, SINHA S K. Fundamental Principles for Avoiding Congested Work Areas—A Case Study[J]. Practice Periodical on Structural Design and Construction,2006,11(4):197-205.

[78] SACKS R, ROZENFELD O, ROSENFELD Y. Spatial and Temporal Exposure to Safety Hazards in Construction[J]. Journal of Construction Engineering and Management,2009,135(8):726-736.

[79] WINCH G M, NORTH S. Critical Space Analysis [J]. Journal of Construction Engineering and Management,2006,132(5):473-481.

[80] MOON H, DAWOOD N, KANG L. Development of Workspace Conflict Visualization System Using 4D Object of Work Schedule[J]. Advanced Engineering Informatics,2014,28(1):50-65.

[81] AKINCI B, FISCHEN M, LEVITT R, et al. Formalization and Automation of Time-space Conflict Analysis[J]. Journal of Computing in Civil Engineering,2002,16(2):124-134.

[82] DAWOOD N, MALLASI Z. Construction Workspace Planning: Assignment and Analysis Utilizing 4D Visualization Technologies [J]. Computer-Aided Civil and Infrastructure Engineering, 2006, 21 (7):

498-513.

[83] INSTITUTE C I. Leading Industry Practices for Estimating, Controlling, and Managing Indirect Construction Cost[R]. The University of Texas at Austin, 2012.

[84] KIM J, FISCHER M. Formalization of the Features of Activities and Classification of Temporary Structures to Support an Automated Temporary Structure Planning [C]// Proceedings of the 2007 ASCE International Workshop on Computing in Civil Engineering. ASCE, 2007: 338-346.

[85] KIM K, TEIZER J. Automatic Design and Planning of Scaffolding Systems Using Building Information Modeling [J]. Advanced Engineering Informatics, 2014, 28(1): 66-80.

[86] KIM J, FISCHER M, KUNZ J, et al. Sharing of Temporary Structures: Formalization and Planning Application[J]. Automation in Construction, 2014, 43: 187-194.

[87] KIM J, FISCHER M, KUNZ J, et al. Semiautomated Scaffolding Planning: Development of the Feature Lexicon for Computer Application[J]. Journal of Computing in Civil Engineering, 2014, 29(5): 04014079.

[88] John and Frances Angelos Law Center [EB/OL]. http://www.schusterconstruction.com/projects/angelos_law_center.html.

[89] SULANKIVI K, KÄHKÖNEN K, MÄKELÄ T, et al. 4D-BIM for Construction Safety Planning[C]// Proceedings of W099-Special Track 18th CIB World Building Congress. World Building Congress, 2010: 117-128.

[90] KIM H, AHN H. Temporary Facility Planning of a Construction Project Using BIM (Building Information Modeling) [M]//Computing in Civil Engineering (2011). ASCE, 2011: 627-634.

[91] SAFFARI TABALVANDANI M. Simulation-based Optimization of Thermal Energy Storage (TES) Materials for Building and Industry Applications[D]. Lleida: Universitat de Lleida, 2017.

[92] DRURY BROWNE CRAWLEY IV B. Building Performance Simulation: a Tool for Policymaking[D]. Glasgow: University of Strathclyde, 2008.

[93] TAWFIK H, FERNANDO T. A Simulation Environment for Construction Site Planning [C]// Proceedings Fifth International Conference on Information Visualisation. IEEE, 2001: 199-204.

[94] MARASINI R,DAWOOD N N,HOBBS B. Stockyard Layout Planning in Precast Concrete Products Industry: a Case Study and Proposed Framework[J]. Construction Management and Economics,2001,19(4): 365-377.

[95] KAMAT V R. VITASCOPE:Extensible and Scalable 3D Visualization of Simulated Construction Operations[D]. Virginia: Virginia Tech,2003.

[96] TOMMELEIN I D. Travel-time Simulation to Locate and Staff Temporary Facilities under Changing Construction Demand[C]// Proceedings of the 31st Conference on Winter Simulation: Simulation——a Bridge to the Future. WSC, 1999:978-984.

[97] ZHANG H, SHI J J, TAM C. Iconic Animation for Activity-based Construction Simulation[J]. Journal of Computing in Civil Engineering, 2002,16(3):157-164.

[98] AKBAS R. Geometry-based Modeling and Simulation of Construction Processes[J]. California: Standford University,2003.

[99] BARGSTADT H J,ELMAHDI A. Automatic Generation of Workspace Requirements Using Qualitative and Quantitative Description [C]// Proceedings of the 10th International Conference on Construction Applications of Virtual Reality. CONVR,2010:131-137.

[100] DIXON J. Knowledge-based Systems for Design[J]. Journal of Vibration and Acoustics,1995,117(B):11-16.

[101] COSTA C A,Luciano M A,Lima C P,et al. Assessment of a Product Range Model Concept to Support Design Reuse Using Rule Based Systems and Case Based Reasoning [J]. Advanced Engineering Informatics,2012,26(2):292-305.

[102] EASTMAN C M,EASTMAN C,TEICHOLZ P,et al. BIM Handbook:A Guide to Building Information Modeling for Owners, Managers, Designers,Engineers and Contractors[M]. New Jersey:John Wiley & Sons,2011.

[103] ZHANG S, TEIZER J, LEE J-K, et al. Building Information Modeling (BIM) and Safety:Automatic Safety Checking of Construction Models and Schedules[J]. Automation in Construction,2013,29:183-195.

[104] EASTMAN C, LEE J-M, JEONG Y-S, et al. Automatic Rule-based Checking of Building Designs[J]. Automation in Construction,2009,18 (8):1011-1033.

[105] HAN C S,KUNZ J C,LAW K H. Client/Server Framework for On-line Building Code Checking[J]. Journal of Computing in Civil Engineering, 1998,12(4):181-194.

[106] DING L,DROGEMULLER R,ROSENMAN M,et al. Automating Code Checking for Building Designs-DesignCheck[J]. CRC for Construction Innovation,2006:1-16.

[107] BORRMANN A, RANK E. Specification and Implementation of Directional Operators in a 3D Spatial Query Language for Building Information Models[J]. Advanced Engineering Informatics,2009,23(1): 32-44.

[108] JIANG L, LEICHT R M. Automated Rule-based Constructability Checking: Case Study of Formwork [J]. Journal of Management in Engineering,2014,31(1):A4014004.

[109] SANAD H M,AMMAR M A,IBRAHIM M E. Optimal Construction Site Layout Considering Safety and Environmental Aspects[J]. Journal of Construction Engineering and Management,2008,134(7):536-544.

[110] LIN K L,HAAS C T. Multiple Heavy Lifts Optimization[J]. Journal of Construction Engineering and Management,1996,122(4):354-362.

[111] HORNADAY W, HAAS C, O'CONNOR J, et al. Computer-aided Planning for Heavy Lifts[J]. Journal of Construction Engineering and Management,1993,119(3):498-515.

[112] Al-HUSSEIN M,ALKASS S,MOSELHI O. Optimization Algorithm for Selection and on Site Location of Mobile Cranes [J]. Journal of Construction Engineering and Management,2005,131(5):579-590.

[113] TANTISEVI K,AKINCI B. Simulation-based Identification of Possible Locations for Mobile Cranes on Construction Sites [J]. Journal of Computing in Civil Engineering,2008,22(1):21-30.

[114] SIVAKUMAR P, VARGHESE K, BABU N R. Automated Path Planning of Cooperative Crane Lifts Using Heuristic Search[J]. Journal of Computing in Civil Engineering,2003,17(3):197-207.

[115] KANG S,MIRANDA E. Automated Simulation of the Erection Activities in Virtual Construction[J]. 2004.

[116] ALI M A D,BABU N R,VARGHESE K. Collision Free Path Planning of Cooperative Crane Manipulators Using Genetic Algorithm[J]. Journal of Computing in Civil Engineering,2005,19(2):182-193.

［117］ HASAN S，AL-HUSSEIN M，HERMANN U，et al． Interactive and Dynamic Integrated Module for Mobile Cranes Supporting System Design ［J］． Journal of Construction Engineering and Management，2010，136 (2)：179-186.

［118］ 曹健. GIS 技术在公路路线方案比选中的应用[D]. 哈尔滨：东北林业大学，2006.

［119］ 刘佳琳. 模糊统计决策理论基础上的大型工程项目风险评估方法研究 ［D］.长春：吉林大学，2013.

［120］ DEB K. Multi-objective Optimization Using Evolutionary Algorithms：An Introdution[M]. London：Springer，2011：3-34.

［121］ DEB K. Multi-objective Optimization［M］. London： Springer，2014： 403-449.

［122］ YEOH J K W，CHUA D K H. Optimizing Crane Selection and Location for Multistage Construction Using a Four-Dimensional Set Cover Approach[J]. Journal of Construction Engineering and Management， 2017,143(8)：04017029.

［123］ Occupational Safety and Health Administration. Safety and Health Regulation for Construction；29 Code of Federal Regulation，Part 1926 ［C］. OSHA，2003.

［124］ Occupational Safety and Health Administration. Occupational Safety and Health Administration Website[EB/OL].

［125］ YI W，CHI H-L，WANG S. Mathematical Programming Models for Construction Site Layout Problems[J]. Automation in Construction， 2018,85：241-248.

［126］ EL-RAYES K，KHALAFALLAH A. Trade-off between Safety and Cost in Planning Construction Site Layouts ［J］. Journal of Construction Engineering and Management，2005,131(11)：1186-1195.

［127］ Occupational Safety and Health Administraitons，Construction Industry； USDOL，Ed.［M］. Washington DC，USA：OSHA，1987.

［128］ International Conference of Building Officials. Uniform Building Code （UBC）［C］. International Conference of Building Officials， 1985： 658-660.

［129］ RAZAVIALAVI S，ABOURIZK S. Site Layout and Construction Plan Optimization Using an Integrated Genetic Algorithm Simulation Framework[J]. Journal of Computing in Civil Engineering，2017，31

(4):04017011.

[130] ELBELTAGI E, HEGAZY T, ELDOSOUKY A. Dynamic Layout of Construction Temporary Facilities Considering Safety[J]. Journal of Construction Engineering and Management,2004,130(4):534-541.

[131] XU J,ZHAO S,LI Z,et al. Bilevel Construction Site Layout Optimization Based on Hazardous-material Transportation [J]. Journal of Infrastructure Systems,2016,22(3):04016014.

[132] KARAN E P, ARDESHIR A. Safety Assessment of Construction Site Layout Using Geographic Information System [C]. Architectural Engineering Conference,2008.

[133] SOLTANI A R,TAWFIK H,GOULERMAS J Y,et al. Path Planning in Construction Sites:Performance Evaluation of the Dijkstra,A *,and GA Search Algorithms[J]. Advanced Engineering Informatics,2002,16(4): 291-303.

[134] AHMED Y, MOHAMED M. Tower Cranes Layout Planning Using Agent-based Simulation Considering Activity Conflicts[J]. Automation in Construction,2018,93:348-360.

[135] PAPADAKI I N,CHASSIAKOS A P. Multi-objective Construction Site Layout Planning Using Genetic Algorithms[J]. Procedia Engineering, 2016,164:20-27.

[136] RAOOT A D, RAKSHIT A. A 'Linguistic Pattern' Approach for Multiple Criteria Facility Layout Problems[J]. The International Journal of Production Research,1993,31(1):203-222.

[137] SHANG Z,SHEN Z. A Framework for a Site Safety Assessment Model Using Statistical 4D BIM-Based Spatial-Temporal Collision Detection [C]// Construction Research Congress 2016. Reston,Virginia:American Society of Civil Engineers:Transportation and Development Institute, 2016:2187-2196.

[138] SCHWABE K, LIEDTKE S, KÖNIG M, et al. BIM-based Construction Site Layout Planning and Scheduling[C]// International Conference on Computing in Civil and Building Engineering. ICCCBE,2016:679-686.

[139] JIN H, NAHANGI M, GOODRUM P M, et al. Model-based Space Planning for Temporary Structures Using Simulation-based Multi-objective Programming[J]. Advanced Engineering Informatics,2017,33: 164-180.

［140］ MITROPOULOS P,NAMBOODIRI M. New Method for Measuring the Safety Risk of Construction Activities:Task Demand Assessment［J］. Journal of Construction Engineering and Management,2011,137（1）: 30-38.

［141］ THOMAS H R,ELLIS Jr R D. Construction Site Management and Labor Productivity Improvement:How to Improve the Bottom Line and Shorten the Project Schedule ［M］. Virginia:American Society of Civil Engineers,2017.

［142］ TOMMELEIN I,ZOUEIN P. Interactive Dynamic Layout Planning［J］. Journal of Construction Engineering and Management,1993,119（2）: 266-287.

［143］ ABOTALEB I,NASSAR K,HOSNY O. Layout Optimization of Construction Site Facilities with Dynamic Freeform Geometric Representations［J］. Automation in Construction,2016,66:15-28.

［144］ MAWDESLEY M J,AL-JIBOURI S H,YANG H. Genetic Algorithms for Construction Site Layout in Project Planning ［J］. Journal of Construction Engineering and Management,2002,128(5):418-426.

［145］ NING X,DING L,LUO H,et al. A Multi-attribute Model for Construction Site Layout Using Intuitionistic Fuzzy Logic ［J］. Automation in Construction,2016,72:380-387.

［146］ SAATY T L. Highlights and Critical Points in the Theory and Application of the Analytic Hierarchy Process［J］. European Journal of Operational Research,1994,74(3):426-447.

［147］ GOVINDAN K,SHANKAR K M,KANNAN D. Application of Fuzzy Analytic Network Process for Barrier Evaluation in Automotive Parts Remanufacturing towards Cleaner Production － a Study in an Indian Scenario［J］. Journal of Cleaner Production,2016,114:199-213.

［148］ 王莲芬. 网络分析法（ANP）的理论与算法［J］. 系统工程理论与实践,2001 (03):44-50.

［149］ 钟登华,蔡绍宽,李玉钦. 基于网络分析法（ANP）的水电工程风险分析及其应用［J］. 水力发电学报,2008(01):11-17.

［150］ SAATY T L. Decision Making with Dependence and Feedback:The Analytic Network Process［M］. Pittsburgh:RWS Publications,1996.

［151］ GHORBANZADEH O,FEIZIZADEH B,BLASCHKE T. Multi-criteria Risk Evaluation by Integrating an Analytical Network Process Approach into GIS-based Sensitivity and Uncertainty Analyses[J]. Geomatics, Natural Hazards and Risk,2018,9(1):127-151.

[152] 唐小丽,冯俊文. ANP 原理及其运用展望[J]. 统计与决策,2006 (12):138-140.

[153] 罗兵,赵丽娟,卢娜. 绿色供应链管理的战略决策模型[J]. 重庆大学学报（自然科学版）,2005(01):105-109.

[154] SAATY T L. AHP:The Analytic Hierarchy Process[M]. Pittsburgh:RWS Publications,1980.

[155] MEADE L,SARKIS J. Analyzing Organizational Project Alternatives for Agile Manufacturing Processes:an Analytical Network Approach[J]. International Journal of Production Research,1999,37(2):241-261.

[156] VAN HORENBEEK A,PINTELON L. Development of a Maintenance Performance Measurement Framework — Using the Analytic Network Process （ANP） for Maintenance Performance Indicator Selection[J]. Omega,2014,42(1):33-46.

[157] OUYANG X,GUO F,SHAN D, et al. Development of the Integrated Fuzzy Analytical Hierarchy Process with Multidimensional Scaling in Selection of Natural Wastewater Treatment Alternatives[J]. Ecological Engineering,2015,74:438-447.

[158] CHEN Y,YU J,KHAN S. Spatial Sensitivity Analysis of Multi-criteria Weights in GIS-based Land Suitability Evaluation[J]. Environmental Modelling and Software,2010,25(12):1582-1591.

[159] NEARING M,DEER-ASCOUGH L,LAFLEN J. Sensitivity Analysis of the WEPP Hillslope Profile Erosion Model[J]. Transactions of the ASAE,1990,33(3):839-849.

[160] DANIEL C. One-at-a-time plans[J]. Journal of the American Statistical Association,1973,68(342):353-360.

[161] CENGIZ A,AYTEKIN O,OZDEMIR I, et al. A Multi-criteria Decision Model for Construction Material Supplier Selection [J]. Procedia Engineering,2017,196:294-301.

[162] HERAVI G,ESLAMDOOST E. Applying Artificial Neural Networks for Measuring and Predicting Construction-labor Productivity[J]. Journal of Construction Engineering and Management,2015,141(10):04015032.

[163] LI Z,SHEN W,XU J, et al. Bilevel and Multi-objective Dynamic Construction Site Layout and Security Planning[J]. Automation in

Construction,2015,57:1-16.

[164] NAVON R. Automated Project Performance Control of Construction Projects[J]. Automation in Construction,2005,14(4):467-476.

[165] BANNIER P,HAIFENG J,PAUL M G. Modeling of Work Envelope Requirements in the Piping and Steel Trades and the Influence of Global Anthropomorphic Characteristics[J]. Journal of Information Technology in Construction,2016,21(19):292-314.

[166] CULLEN J,BRYMAN A. The Knowledge Acquisition Bottleneck:Time for Reassessment? [J]. Expert Systems,1988,5(3):216-225.

[167] GEBUS S,LEIVISKÄ K. Knowledge Acquisition for Decision Support Systems on an Electronic Assembly Line [J]. Expert Systems with Applications,2009,36(1):93-101.

[168] HOFFMAN R R. The Problem of Extracting the Knowledge of Experts from the Perspective of Experimental Psychology[J]. AI Magazine,1987, 8(2):53.

[169] CRANDALL B, KLEIN G, HOFFMAN R R. Working minds: A practitioner's Guide to Cognitive Task Analysis[M]. Massachusetts:Mit Press,2006.

[170] O'BRIEN W J,HURLEY M J,SOLIS F A M,et al. Cognitive Task Analysis of Superintendent's Work: Case Study and Critique of Supporting Information Technologies [J]. Journal of Information Technology in Construction,2011,16:529-556.

[171] HO W H,SHIANG T Y,LEE C C,et al. Body Segment Parameters of Young Chinese Men Determined with Magnetic Resonance Imaging[J]. Medicine & Science in Sports & Exercise,2013,45(9):1759-1766.

[172] DRILLIS R,CONTINI R,BLUESTEIN M. Body Segment Parameters [J]. Artificial Limbs,1964,8(1):44-66.

[173] HANAVAN E P. A Mathematical Model of the Human Body[M]. Ohio: Aerospace Medical Research Laboratories, 1964.

[174] DEMPSTER W T. Space Requirements of the Seated Operator [M]. Ohio:Wright-Patterson Air Development Conter, 1955.

[175] CHANDLER R F, CIAUSER C E, MCCONVILLE J T, et al. Investigation of Inertial Properties of the Human Body [M]. Ohio: Aerospace Medical Research Laboratory,1975.

[176] ZATSIORSKY V M, SELUYANOV V N. The Mass and Inertia

Characteristics of the Main Segment of Human Body[J]. Biomechanic, 1983,1152-1159.

[177] ZATSIORSKY V. In Vivo Body Segment Interial Parameters Determination Using A Gramma-Scanner Method[J]. Biomechanics of Human Movement,1990,186-202.

[178] DELEVA P D. Adjustments to Zatsiorsky-Seluyanov's Segment Inertia Parameters[J]. Journal of Biomechanics,1996,29(9):1223-1230.

[179] GORDON C C,CHURCHILL T,CLAUSER C E,et al. Anthropometric Survey of US Army Personnel:Summary Statistics,Interim Report for 1988[R]. DTIC Document,1989.

[180] VINK P,KONINGSVELD E A,MOLENBROEK J F. Positive Outcomes of Participatory Ergonomics in Terms of Greater Comfort and Higher Productivity[J]. Applied Ergonomics,2006,37(4):537-546.

[181] EVERETT J G,KELLY D L. Drywall Joint Finishing:Productivity and Ergonomics[J]. Journal of Construction Engineering and Management, 1998,124(5):347-353.

[182] ALUMBUGU P O. An Analysis of Relationship between Working Height and Productivity of Masonry Workers on Site[J]. Civil and Environmental Research,2014,6(4):72-80.

[183] DE LOOZE M,VAN RHIJN J,SCHOENMAKER N,et al. Productivity and Discomfort in Assembly Work:the Effect of an Ergonomic Workplace Adjustment at Philips DAP[M]// Comfort and design. Florida:CRC Press,2005.

[184] ROSECRANCE J, DPUPHRATE D, CROSS S. Integration of Participatory Ergonomics and Lean Manufacturing: a Model and Case Study[J]. Human Factors in Organizational Design and Management, 2005,6:437-442.

[185] KARHU O,KANSI P,KUORINKA I. Correcting Working Postures in Industry:a Practical Method for Analysis[J]. Applied Ergonomics,1977, 8(4):199-201.

[186] RESNICK M L,ZANOTTI A. Using Ergonomics to Target Productivity Improvements[J]. Computers & Industrial Engineering,1997,33(1-2): 185-188.

[187] DEMPSEY P G,MCGORRY R W,O'Brien N V. The Effects of Work Height, Workpiece Orientation, Gender, and Screwdriver Type on

Productivity and Wrist Deviation[J]. International Journal of Industrial Ergonomics,2004,33(4):339-346.

[188] STINO R M,EVERETT J G,CARR R I. Effect of spatial variables on bricklaying productivity[C]// Construction Research Congress 2005: Broadening Perspectives. ASCE,2005:1-8.

[189] KEENEY R L, RAIFFA H. Decision with Multiple Objectives: Preferences and Valne Trade-Offs[M]. Cambridge:Cambridge University Press,1993.

[190] CHEN Y, OKUDAN G E, RILEY D R. Decision Support for Construction Method Selection in Concrete Buildings: Prefabrication Adoption and Optimization[J]. Automation in Construction, 2010, 19 (6):665-675.

[191] KAINUMA Y, HASHIMOTO K, OKAMOTO S, et al. Study on Quantitative Assessment for Sense of Value-Application to Decision Analysis for Selection of Domestic Energy[J]. Bulletin of Science and Engineering Research Laboratory,1986,115:13-22.

[192] MOON S, FORLANI J, WANG X, et al. Productivity Study of the Scaffolding Operations in Liquefied Natural Gas Plant Construction: Ichthys Project in Darwin, Northern Territory, Australia[J]. Journal of Professional Issues in Engineering Education and Practice, 2016, 142 (4):04016008.